Walter Hochreiter

Nach Basel und von Basel in die Welt

Die Lebensgeschichte des Immunologen Ivan Lefkovits

verlag regionalkultur

Impressum

Titelbild: Ivan Lefkovits, 2006

Titel: Nach Basel und von Basel in die Welt
Untertitel: Die Lebensgeschichte des Immunologen Ivan Lefkovits
Autor: Walter Hochreiter
Herstellung: verlag regionalkultur
Satz: Jochen Baumgärtner, vr
Umschlaggestaltung: Jochen Baumgärtner, vr

Diese Publikation ist auf alterungsbeständigem und säurefreiem Papier (TCF nach ISO 9706) gedruckt entsprechend den Frankfurter Forderungen.

Bibliografische Information der Deutschen Nationalbibliothek
Die Deutsche Nationalbibliothek verzeichnet diese Publikation in der Deutschen Nationalbibliografie; detaillierte bibliografische Daten sind im Internet über http://dnb.de abrufbar.

ISBN 978-3-95505-571-4

verlag regionalkultur – **ifu** Institut für Unternehmensgeschichte

verlag regionalkultur Ubstadt-Weiher – Heidelberg – Stuttgart – Speyer – Basel
Verlag Regionalkultur GmbH & Co. KG:
Bahnhofstraße 2 • 76698 Ubstadt-Weiher • *Telefon* 07251 36703–0 • *Fax* 07251 36703–29
E-Mail kontakt@verlag-regionalkultur.de • *Internet* www.verlag-regionalkultur.de

Inhaltsverzeichnis

Für finanzielle Unterstützung danken wir:

F. Hoffmann-La Roche AG

Freiwillige Akademische Gesellschaft Basel

Gemeinde Riehen

Swisslos-Fonds Basel-Stadt

Gedruckt mit Unterstützung der Berta Hess-Cohn Stiftung, Basel

Zurück in die Heimat

Der Eisenbahnzug war auf Veranlassung des britischen Kommandanten von Bergen-Belsen gestartet worden. Seine Destination war Prag in der Tschechoslowakei. Es handelte sich um einen sogenannten „repatriation train“, mit dem am 7. Juli 1945 Insassen des Lagers Bergen-Belsen, die aus Tschechien und der Slowakei stammten, in ihr Heimatland zurückgeführt wurden. Auf dem Gebiet des Deutschen Reichs hielten sich bei Kriegsende über zehn Millionen «displaced persons» auf, nicht nur befreite KZ-Insassen, sondern auch Kriegsgefangene, Zwangsarbeiter und Flüchtlinge. Viele wollten oder konnten nicht in ihre Heimat zurück, insbesondere Kriegsgefangene und Zwangsarbeiter aus der Sowjetunion befürchteten Inhaftierung oder Schlimmeres zuhause. Für Ivan und seine Mutter Elisabeth Lefkovits stand von vornherein fest, dass sie in ihren Heimatort Prešov in der Slowakei zurückkehren wollten. Wohin auch sonst? Heim, nur heim wird wohl der Wunsch gewesen sein.

Der Zug fuhr langsam und mit vielen Stopps auf den noch verbliebenen, provisorisch reparierten Gleisen auf einem langen Weg durch das zerbombte und von anderen Kriegshandlungen stark zerstörte Deutschland. Städte als Ruinenlandschaften, Reste von Kriegsmaterial, Frauen beim Wegräumen von endlosen Schuttbergen. Ein Panorama der Zerstörung. Ivan Lefkovits erinnert sich später an seine und seiner Mutter Gedanken: ***„Es tut uns gut, zu sehen: Diejenigen, die uns vernichten wollten, sind selbst vernichtet worden“***[1]

Die Fahrt ging vermutlich über Sachsen und Oberfranken nach Tschechien. Erste Station in der Tschechoslowakei war Pilsen, wo die Rückkehrer mit Blumen empfangen wurden. Danach fuhr der Zug weiter nach Prag, wo Mutter und Sohn Lefkovits am 14. Juli ankamen. In Prag hatte die Mutter vor Jahren studiert, daher kannte sie sich in der Stadt aus. Dort blieben sie einige Tage. Übernachtet haben die vormaligen Häftlinge im YMCA-Hotel. In der tschechoslowakischen Hauptstadt hatte man auch Hilfsleistungen für die zurückgekehrten Überlebenden organisiert. Im Repatriierungsbüro erhielten sie einen Ausweis, erstes Geld und Essenscoupons. Ärztliche Untersuchungen waren Teil des Tagesablaufs.

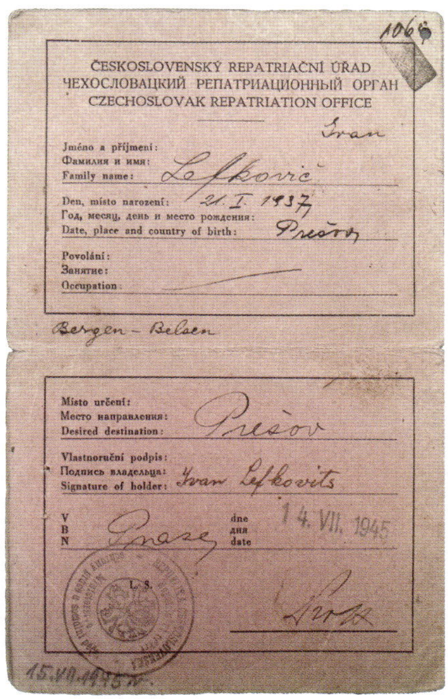
1064

ČESKOSLOVENSKÝ REPATRIAČNÍ ÚŘAD
ЧЕХОСЛОВАЦКИЙ РЕПАТРИАЦИОННЫЙ ОРГАН
CZECHOSLOVAK REPATRIATION OFFICE

Jméno a příjmení: / Фамилия и имя: / Family name: Ivan Lefkovič

Den, místo narození: / Год, месяц, день и место рождения: / Date, place and country of birth: 21. I. 1937 Prešov

Povolání: / Занятие: / Occupation:

Bergen – Belsen

Místo určení: / Место направления: / Desired destination: Prešov

Vlastnoruční podpis: / Подпись владельца: / Signature of holder: Ivan Lefkovits

V B N Praze dne / дня / date 14. VII. 1945

L. S.

15. VII. 1945

Abb. 1: Repatriationsausweis Ivan Lefkovits.

1 Ivan Lefkovits in Sonntagszeitung.ch, 5. April 2023, S. 17.

Abb. 2: Paul (Palko), der ältere Bruder von Ivan.

Neue Kleidung kam von der UNRRA (United Nations Relief and Rehabilitation Administration), der schon während des Kriegs 1943 gegründeten Nothilfe- und Wiederaufbauverwaltung der Vereinten Nationen.

Schon in Prag quälte Elisabeth Lefkovits und ihren Sohn die bange Frage: Hatten der Vater und der große Bruder Paul überlebt? Auf Paul, von dem sie während der Deportation ins KZ getrennt worden waren, hoffte Ivan sehr.

Wen von den Verwandten würden sie überhaupt in Prešov wiedertreffen? Am Prager Bahnhof hingen an Tafeln Zettel mit Suchanfragen. Ich suche meinen Mann … Ich suche meinen Bruder, meine Schwester … Vermisst wird der Soldat XX. Letzte Nachricht aus Polen, Ungarn, Ukraine …

Die Reise ging nun auf eigene Faust weiter, mit der Bahn nach Bratislava, wo auch wieder Suchzettel am Bahnhof hingen. Ivan hatte gehofft, dort von Verwandten abgeholt zu werden. Endlich, am 27. Juli kamen die beiden in Prešov an. Die Stadt war während des slowakischen Nationalaufstands 1944 bombardiert worden, doch hatte sie keine so gravierenden Zerstörungen erlitten wie die Städte in Deutschland, auch wenn einzelne Häuserreihen in Trümmern lagen.

Hier gab es eine erste Gewissheit, wer überlebt hatte. Magda Bardosova, die Tante, und ihre Tochter Zuzana, Ivans Cousine, waren am Leben. Magda hatte sich mit ihrer Tochter den Partisanen angeschlossen und sich versteckt gehalten. In ihrer Wohnung konnten Ivan und seine Mutter jetzt erst einmal unterkommen. Auch betrieb Magda für die Rückkehrer eine Gassenküche, die von einer jüdischen Organisation finanziert wurde. Sie und ihre Familie hatten vor dem Krieg eine Essigfabrik besessen, die «arisiert» worden war. Die «Arisierung» hätte für ungültig erklärt werden können, doch dies war noch nicht geregelt.

Während des Krieges hatten jüdische Familien – ob vorsorglich oder in den letzten Minuten vor der Deportation – Wertgegenstände oder auch Erinnerungsstücke an «arische» Nachbarn, Bekannte oder Freunde zur Aufbewahrung übergeben. Was sie nicht in Sicherheit – oder vermeintliche Sicherheit – bringen konnten, wurde von der Gestapo und von den slowakischen Behörden beschlagnahmt. Von all den Deportierten kamen nur ganz wenige zurück. Es gab etliche ehrliche und hilfsbereite Menschen, die anstandslos die anvertrauten Sachen an die Berechtigten zurückgaben. Andere, die gierig auf fremdes Eigentum waren, glaubten, dass sie den fremden Besitz behalten könnten. Für sie war jeder Überlebende einer zuviel. Einige der Überlebenden waren zu apathisch, um sich um ihre Habe zu kümmern, doch andere wollten sie zurückhaben. Die Familie zerstört, das Eigentum geraubt vom faschistischen Staat oder von der Hlinka-Garde und der Gestapo, viele standen resigniert da ohne irgendeinen Rechtsanspruch. Tante Magda war anders, sie war eine resolute Person, eine der ganz Wenigen, die gewohnt waren, ihr Schicksal in die eigenen Hände zu nehmen. Sie mietete eine Pferdekutsche samt einem kräftigen Kutscheninhaber und holte ihren Besitz zurück – ob Teppiche, Bilder oder Geschirr –, und der Kutscher lud die Gegenstände auf den Wagen. Wenn Ivan Lefkovits erzählt, fügt er hinzu: ***„Magda hat alles zurückbekommen, leider ohne die Toten wieder lebendig machen zu können.“***

Lange vor der Deportation hatte auch die Familie Lefkovits „arischen“ Freunden Wertsachen zur Aufbewahrung übergeben. Auch vertrauenswürdigen Patienten der Zahnarztpraxis. Einiges erhielten sie nach dem Krieg anstandslos zurück wie eine goldene Omega-Uhr, die sich bis heute im Familienbesitz befindet. Andere redeten sich damit heraus, dass sich die Deutschen oder die Russen ihrer Habe bedient hätten und bei ihnen nichts mehr vorhanden sei.

Vier Monate waren seit der Befreiung im April 1945 vergangen. Damals war Ivan bis auf Haut und Knochen abgemagert gewesen. Die Behandlung von Mutter und Kind im Lazarett in Bergen war erfolgreich. Langsam kamen sie zu Kräften. Ivan war aber immer noch blass und mager. Obwohl er weiterhin noch sehr dünn war, erholte er sich aber erstaunlich schnell. Ein wichtiges Ziel lag jetzt vor Ivan – die Einschulung.

Eigentlich hätte Ivan vor zwei Jahren, noch während des Kriegs, eingeschult werden sollen. Die Juden durften die Schule jedoch nicht mehr besuchen. Bei Kriegsende war er bereits acht Jahre alt. Am 3. September 1945 begleitete ihn seine Mutter zur Schule, wo er vom Lehrer der Klasse vorgestellt wurde: ***„Das ist Ivan, er war weg, in einem Konzentrationslager. Jetzt ist der Krieg vorbei, er kommt zu uns und bleibt mit uns in der Schule. Ich will ihm ein paar Fragen stellen“***, erinnert sich Lefkovits. Der Lehrer gab ihm eine Kreide und forderte ihn auf, seinen Namen an die Tafel zu schreiben. Ivan hatte nie eine Kreide in der Hand gehalten und niemals etwas an eine Tafel geschrieben. Doch Schreiben und Rechnen hatte ihm seine Mutter beigebracht. So hatte er keine Mühe, seinen Namen in Schönschrift zu schreiben, und auch die Rechenaufgaben, die ihm der Lehrer stellte, erledigte er ohne Probleme. ***„Du gehörst in die dritte Klasse“***, sagte der Lehrer. Ivan war erfreut und stolz. Die Kreide blieb ihm ein Erfolgssymbol.

Begrüsst hatte den kleinen Ivan nach seiner Rückkehr auch Pater Titus, der katholische Pfarrer von Prešov. Denn Ivan war 1943 von ihm getauft worden, in der Hoffnung, ihn so vor der Verhaftung durch die Gestapo zu schützen.[2] Das war kein Einzelfall. Etliche Priester hatten slowakische Juden getauft und als die Gestapo Einsicht in die Taufregister forderte, um Juden zu entlarven, war sie manches Mal mit herausgerissenen Seiten konfrontiert. Für die Priester waren die Taufregister enorm wichtig und schützenswert, doch die Rettung der Getauften hatte klaren Vorrang. Jetzt nach der Rückkehr besuchte Ivan regelmäßig die Kirche, manchmal nur für ein

---

2 Das Folgende nach Erzählungen von Ivan Lefkovits. Zum Verhältnis der slowakischen katholischen Kirche zur Judenverfolgung (aus katholischer Sicht) Walter Brandmüller, Holocaust in der Slowakei und katholische Kirche, Neustadt an der Aisch 2003. Zum Holocaust in der Slowakei Lenka Šindelářová, Finale der Vernichtung. Die Einsatzgruppe H in der Slowakei 1944/45, Darmstadt 2013.

Vaterunser in der Franziskanerkirche vor dem Schulanfang. In der Kirche war er willkommen, seine jüdische Herkunft spielte keine Rolle. Mutter Lefkovits war dies recht, sie achtete lediglich darauf, dass er sauber angezogen in die Kirche ging. Obwohl die Taufe niemandem von der Familie geholfen hatte, dem Schicksal zu entrinnen, blieb die Dankbarkeit der Kirche gegenüber trotzdem erhalten.

Dass die katholische Kirche viel Schuld auf sich geladen hatte, umso mehr als die Staatsführung mit einem Priester (Jozef Tiso) als Staatspräsidenten „stramm" katholisch war und für die Deportationen voll verantwortlich, war eine traurige Tatsache. Doch die Kirche auf der Volksebene blieb der Christuslehre treu und war keineswegs antisemitisch, erzählt Lefkovits.

In der slowakischen Gesellschaft war der Antisemitismus auch jetzt nach dem Krieg noch überall spürbar, oft mit unsinnigen Aussagen: ***„Es kamen mehr Juden zurück, als man deportiert hat"***. In der Mittelschicht war der Antisemitismus weniger verbreitet. Elisabeth Lefkovits war vor dem Krieg, eigentlich bis kurz vor der Deportation, in der Apotheke Salvator angestellt, und sie erhielt eine Wiederanstellung schon zwei Monate nach der Rückkehr. Von Judenfeindschaft war hier nichts zu bemerken. Sie wurde freundlich aufgenommen und freute sich sehr auf den Neuanfang. Dennoch blieb dieser Ort, wo sie nur knapp der Verhaftung durch die Gestapo entgangen war, ein traumatischer Ort.

Alles war wie vorher, die Medikamente, die Salben, die Lösungen, die Kasse, die Schubladen für Rezepte. Sie bediente neue Kunden, auch alte, die sie freundlich begrüssten, doch sobald sie sich umdrehte, um Medikamente zu holen und Schritte hörte, überfiel sie die Angst vor der eintretenden Gestapo. Weinkrämpfe und schlaflose Nächte. ***„Wenn einer in Uniform die Apotheke betritt, sehe ich die Gestapo vor mir."***[3] Nachdem die Atembeschwerden, Schweissausbrüche, Konzentrationsschwierigkeiten nicht aufhörten, sah sie ein, dass ihr Zustand ein normales Arbeiten nicht möglich werden liess. Elisabeth Lefkovits gab ihre Apotheken-Tätigkeit auf. Ihre guten Sprachkenntnisse ermöglichten ihr indes einen neuen Anfang als Sprachlehrerin, ein Beruf, den sie sehr erfolgreich ausübte.

Das Verhältnis der Überlebenden zum Judentum wurde eigentlich nur selten zum Thema. Vor dem Krieg hatte eine starke jüdische Minderheit von etwas über 4300 Personen in der Stadt existiert; einige gingen in die Synagoge, andere nicht. Es gab zwei Gemeinden und auch zwei Synagogen. Sie unterschieden sich in ihrer sozialen Struktur: Während die Reformgemeinde zahlreiche Angehörige der urbanen Mittelschicht umfasste, rekrutierte sich die orthodoxe mehrheitlich aus ärmeren kinderreichen Familien. Wenn die Welt noch die alte gewesen wäre, hätte man die Familie Lefkovits als gebildete Freiberufler in der Reformgemeinde finden können. Die Bar Mitzwa, mit der jüdische Jugendliche religiös mündig und volljährig werden, gab es für Ivan nicht. Niemand konnte ihm das nötige Wissen über das Judentum vermitteln.

Schon Wochen nach der erfolgreichen Einschulung trat Ivan der Pfadfinderbewegung Junák bei. Es war eine Mitgliedschaft, die ihm grosse Freude bereitete. Die vielen Veranstaltungen wie Ausflüge, Lagerfeuer und Wettkämpfe liessen sein Leben

3 Elisabeth Sommer – Lefkovits, Ihr seid auch hier in dieser Hölle? Erinnerung an die unheilvollen Zeiten 1944 – 1945, Zürich 1994, S. 78.

wieder das eines ganz normalen Jungen werden. Hier gewann er neue Freunde und fühlte sich aufgehoben.

Die Jugendorganisation Junák war auf Initiative von Antonin Benjamin Svojsik 1911 gegründet worden und bildete eine der vielen Jugendvereinigungen der Tschechoslowakischen Republik (darunter auch die jüdischen Haschomer Hazair und Tchelet Lavan[4]). Svojsik gehörte ehemals der Sokol an, einem mitgliederstarken Turn- und Kulturverband, der im Untergrund Widerstand gegen den Nationalsozialismus geleistet hatte. Da er sich dort mit seinen Vorstellungen von Jugendarbeit in freier Natur nicht durchsetzen konnte, gründete er die Pfadfinder. Sie orientierten sich zum Teil am englischen Vorbild der Pfadfinder von Sir Baden-Powell. Für die Pfadfinder galt ein Leitfaden mit zehn Geboten ihres Verhaltens:

Abb. 3: Ivan bei den Pfadfindern.

1. Wahrheitsliebend und wahrhaftig
2. Treu und ergeben
3. Hilfsbereit und den anderen entgegenkommend
4. Ein Freund aller Menschen guten Willens und Bruder jedes Pfadfinders
5. Höflich
6. Ein Beschützer der Natur und der wertvollen Schöpfungen der Menschheit
7. Gehorsam gegenüber Eltern und Vorgesetzten
8. Frohen Mutes
9. Sparsam
10. Keusch im Denken, in Worten und Taten

Diese zehn Gebote waren völlig im Sinne von Ivan. Er freute sich auch, dass die Kenntnisse in Erster Hilfe, Orientierung in der Natur, Spurenlesen oder eventuell auch einmal Esperanto zu den Tätigkeiten gehörten. Die Höhepunkte, auf die sich auch Ivan am meisten freute, waren die Sommerlager oft in wilder Natur an abgelegenen Plätzen.

Im Jahr 1947 fand das 6. World Scout Jamboree statt, das erste nach dem Krieg, in Moisson (Ile-de-France). Das Motto war „Jamboree of peace“. Die Jamborees waren Grosslager der Pfadfinderbewegung, die alle vier Jahre stattfanden und in dem sich

4 Daniele Bartáková, Die jüdische Pionierjugend in der Ersten Tschechoslowakischen Republik zwischen Zionismus und Kommunismus. In: Jugend in der Tschechoslowakei. Konzepte und Lebenswelten (1918 – 1989) (= Bad Wiesseer Tagungen des Collegium Carolinum 36), Göttingen 2016, S. 133 – 153.

Abb.4: Presov 1947, Ivan mittlere Reihe zweiter von links.

Pfadfinder aus der ganzen Welt trafen. In Moisson nahmen vom 9. bis 20 August 24 000 Pfadfinder aus 70 Ländern teil. Der französische Staatspräsident Vincent Auriol liess es sich nicht nehmen, das Lager zu besuchen. Ivan wurde in seiner Pfadfindergruppe für eine Teilnahme ausgewählt und fieberte dem Ereignis entgegen. Doch groß war die Enttäuschung dann, als ihm seine Kinderärztin mitteilen musste, dass er für eine Teilnahme gesundheitlich noch nicht fit sei.

Es war wahrscheinlich der Fall, dass für Ivan – möglicherweise unbewusst – die Pfadfinder ein Ersatz für die erloschene jüdische städtische Gesellschaft waren. Ivan hatte keine jüdischen Freunde, seine Kameraden waren christliche Kinder – die Pfadfinder gaben ihm den Halt. Bei den Pfadfindern gab es nie antisemitische Vorfälle, nicht einmal andeutungsweise.

Eine der wenigen intakten jüdischen Familien im „alten" Freundeskreis war die entfernte Verwandtschaft der Familie Szanto, die den Krieg in Verstecken und bei den Partisanen überlebt hatte. Diese Familie spielte nun eine besondere Rolle in Ivans Leben. Regelmäßig, jeden Freitag, wurde er zum Mittagessen geladen. Sauber gekleidet, mit weißem Hemd, ging er zum Mittagessen. Es kamen feine Sachen auf den Tisch und es war jedes Mal ein besonderes Ereignis. Die Szantos kümmerten sich rührend um Ivan, aber auch um seine Mutter. Auf das freitägliche gute Essen bei Familie Szanto freute er sich immer.

Nachdem sie bei Tante Magda ausgezogen waren, bewohnten Lefkovits eine Wohnung in der Stalinova 61, die der Familie Sonnenschein gehörte hatte, von der niemand zurückkam. Einen Teil des Wohnungsmobiliars dort konnten sie übernehmen. Im gleichen Haus wie die Lefkovits wohnte die Großfamilie des Postmeisters Varga, bei der Ivan viel Zeit verbrachte. Mit der gleichaltrigen Jolana Vargova war Ivan eng befreundet, die beiden gingen gern zum Baden in den Fluss Torysa.

Mutter Lefkovits beobachtete den Gesundheitszustand ihres Ivan sorgenvoll. Kehrte er nicht übermüdet von den Pfadfinderanlässen heim? Nur ganz selten griff sie in seine Tätigkeiten ein – wegen der geplanten Teilnahme am Jamboree tat sie es wahrscheinlich doch. Sie band Ivan erstaunlich wenig an sich und liess ihm Freiheiten. Erholungsaufenthalte in der Hohen Tatra unter ärztlicher Aufsicht wurden während der Sommermonate 1946 bis 1948 zur Regel. Die Erholungsaufenthalte waren in der Bevölkerung verankert und sie waren gratis. Dies organisierte die Kinderärztin Frau Dr. Helena Mayer, die einen weiteren wichtigen Bezugspunkt bildete. Sie hatte Auschwitz überlebt und als treue Kinderärztin kümmerte sie sich um Ivan. Ihr Gatte hat Auschwitz nicht überlebt.

Weitere KZ-Überlebende gehörten zum Freundes- und Bekanntenkreis. Zigmund Baumöhl, genannt Zigi, hatte beide Eltern in der Shoah verloren und kam direkt aus dem KZ zu Klinikaufenthalten nach Schweden und nach der Rückkehr in die Tschechoslowakei mehrmals in die Hohe Tatra. Die gemeinsame Zeit im KZ blieb unvergessen, doch ein regelmässiger Kontakt entwickelte sich erst, als Ivan schon in Prag lebte. Baumöhl emigrierte Jahrzehnte später als junger Arzt und betrieb eine erfolgreiche Arztpraxis im schweizerischen Effretikon. Mit Ivan Bernasovsky, später Professor an der Prešover Universität, blieb Ivan jahrzehntelang freundschaftlich verbunden. Eine treue Freundin von Ivans Mutter, Rozsi Ferderber, hatte sowohl ihren Mann als auch ihre beiden Söhne in Auschwitz verloren. Sie flüsterte Ivans Mutter einmal melancholisch zu: ***„Zumindest einer ist Dir geblieben“***.

Abb. 5: Erholungsheim „Detsky raj“ – Kinderparadies in der Hohen Tatra.

Außer den Szantos lebte im Bekanntenkreis der Lefkovits keine vollzählige jüdische Familie mehr. Der jüdische Friedhof war ein Relikt der alten Zeiten, mit vielen Gräbern, die von gutbürgerlichen Zeiten zeugten. Beerdigungen fanden dort weiterhin statt, aber der Minjan – die vorgeschriebene Zahl von zehn jüdischen Gläubigen für einen Gottesdienst – wurde nie erreicht. Vom ehemals blühenden jüdischen Leben in der Stadt war kaum mehr etwas übriggeblieben.

Von der Familie Weislovits überlebte nur der Sohn Pista. Zu denen, die nach Palästina und danach Israel auswanderten, gehörten die Restfamilie Falkenstein, Tomas Lehner und die Kochs. Elsi und Emil Moskowitz hatten überlebt, aber ihre beiden Kinder verloren. Weitere Überlebende waren Familie Gärtner mit Sohn Gusti, Frau Benedek Piri und ihr Sohn Duri und Frau Polak Sari. Zu den Freunden der Familie gehörte schon vor dem Krieg Emil Reinkraut, der nach seiner Rückkehr aus dem KZ Buchenwald Bürgermeister in Prešov wurde. Ein politischer Idealist, der vielen Rückkehrern half und sich mit unbedingtem Willen für politische Sauberkeit einsetzte. Ivan erinnert sich, wie er später in Prag Reinkraut einmal durch die Zahlung von zehn Kronen Schmiergeld zu einem Zimmer im Hotel Ambassador verhalf (Hotels waren zwar billig, aber immer ausgebucht). Reinkraut war über diese Prinzipienlosigkeit entsetzt.

Die Primarschule hat Ivan in guter Erinnerung, mit freundlichen Lehrern und Klassenkameraden. Zwischen September 1945 und Juni 1948 absolvierte er die dritte, vierte und fünfte Klasse. Dann wechselte er in die weiterführende Schule, wo die Klassen grösser und lauter waren. Dort schien die Atmosphäre weniger harmonisch gewesen zu sein: Öfter kam es zu Prügeleien, weil die älteren Schüler recht aggressiv auftraten.

Abb. 6: Ivan mit seiner Mutter (ca 1950).

Die Schüler, die etwas besser angezogen waren, wurden von ihnen zu Boden geworfen, ein Boden, der mit schwarzer Karbolsäure getränkt war. Ivan kam so manches Mal mit verschmutzter Kleidung nach Hause. Seine Mutter tröstete ihn dann mit dem bald bevorstehenden Umzug nach Prag. ***„Wir haben schon Schlimmeres erlebt“***, sagte sie.

Abb. 7: Gabriel Sommer.

Ivans Mutter verbrachte ihre Ferien einige Male im Kurort Karlsbad, gemeinsam mit ihren Schwestern Magda und Ilka. Dort traf sie – ob zufällig oder arrangiert – ihren alten Studienkollegen aus den dreissiger Jahren, Gabriel Sommer aus Bratislava, der sie damals heiraten wollte. Doch als er um ihre Hand angehalten hatte, war sie schon mit Desider Lefkovits verlobt. Der Ingenieur Sommer war ledig geblieben und hatte mit seiner Familie den Krieg überlebt. Im Jahr 1949 heirateten die beiden in Prag. Gabriel, der Stiefvater, hatte dort eine Wohnung, in der ab Februar 1949 dann auch Ivan sein neues Zuhause fand. Gabriel nahm die für ihn sicher erst einmal ungewohnte Rolle des Familienvaters ein.

In die Hauptstadt! Prag bis 1961

Ein Umzug in die Hauptstadt Prag stand an. Mutter und Stiefvater Gabriel, von Ivan kurz Gabi genannt, gelang es, eine Zweizimmerwohnung mit Möbeln aus der Vorkriegszeit zu erhalten. Was aus heutiger Sicht eher als beengt anmutet, war für die Verhältnisse der Nachkriegszeit eine adäquate Wohnsituation. Nachdem die beiden die Wohnung fertig eingerichtet hatten und alles vorbereitet war, kam Ivan im Februar 1949 aus Prešov nach. Nach der Umsiedlung stabilisierten sich die Lebensumstände von Ivan. Die Ereignisse des Krieges traten nach und nach in den Hintergrund, auch körperlich war er kräftiger geworden. Ein neues Leben in Prag, im Kreis einer Familie mit einem neuen Vater lag vor ihm. Das Verhältnis Ivans zu seinem Stiefvater entwickelte sich gut und wurde sehr eng. Ivan passte sich an, im Wissen, dass das für seine Mutter von grosser Bedeutung war.

Die Schule war nur zwei Häuserblocks entfernt und die Eingewöhnung in die neue Schule, an die Lehrer und Klassenkameraden gelang ihm mühelos. Einige neue Verhaltensweisen musste der Junge aus der Provinz dann aber doch lernen: Am ersten Schultag erschien er wie gewohnt mit kurzen Hosen, während alle anderen Schüler lange trugen. Er schämte sich dafür. Doch das liess sich schnell beheben. Auch lachten die anderen Jungen über seinen Gruss „Servus“ – bei ihnen hiess der Gruss „Ahoj“. Seine Leistungen in der Schule liessen nichts zu wünschen übrig und auch die Unternehmungen in der Freizeit wie Fahrradfahren und der Besuch der Pfadfindergruppe boten wenig Anlass zu Konflikten. Er selbst schätzt sich als „pflegeleichtes“ Kind ein. Ihm bot das sichere Zuhause die Basis für neue Entdeckungen und Einflüsse. Für Ivan war Prag vom ersten Tag an eine grossartige Erfahrung.

Elisabeth Sommer-Lefkovits wollte auf eigenen Beinen stehen und selbst Geld verdienen. Im sozialistischen System war das nicht nur üblich, sondern auch notwendig. Und Fremdsprachenunterricht in Englisch, Französisch und Deutsch hatte sie zuvor schon in Prešov gegeben. Ihr Ansinnen, Sprachunterricht in der kleinen Wohnung zu erteilen, sorgte jedoch bei Gabi für Unmut. Er reagierte auf diese Idee ziemlich unwirsch: ***„Das, was für Prešov genügend war, reicht nicht für Prag.“*** Ivans Mutter blieb hartnäckig und verfertigte handschriftlich ein paar Inserate und hängte sie um die Ecke beim Metzger und im Lebensmittelladen auf – und die Schüler kamen, immer mehr. Nach einer gewissen Zeit konnte sie keine Einzelstunden mehr geben, sondern musste die Schüler in kleinen Gruppen zusammenfassen. Gabi war sichtlich verstimmt. ***„Zuza, so geht das nicht, für so eine Tätigkeit brauchst du eine Bewilligung vom Nationalausschuss.“*** Mutter Lefkovits besorgte sich tatsächlich eine solche Bewilligung und danach erfolgte ein regelrechter Ansturm auf ihren Unterricht. Besonders attraktiv fanden die Eltern der Kinder, dass sie beim Unterricht dabei sein durften, wenn auch schweigend. In bequemen Fauteuils sitzend, konnten sie sich Notizen machen und sozusagen Gratis-Unterricht erhalten. Auch eine Stewardess kam für einen Schnellkurs, und bald meldeten sich weitere an. Manches Mal wurden die Stunden jetzt auch am Abend gegeben. Am Ende der Kurse gab es Glückwünsche, Blumen, Schokolade – auch für

Gabi, das besänftigte ihn. Der Unterricht trug wesentlich zum Haushaltseinkommen der Familie bei und so liessen sich diesbezügliche Spannungen zwischen den beiden wieder glätten.

Abb. 8: In der Wohnung in Prag (ca 1954).

Ein weit grösseres Problem stellten die politischen Schwierigkeiten dar, denen Ivans Stiefvater ausgesetzt war. Wie viele, die aus dem mittleren oder höheren Bürgertum kamen, wurde er als „bourgeoises Element" diffamiert und stand stets in der Gefahr, Repressalien der Behörden ausgesetzt zu sein. Gerade ein Jahr war seit der kommunistischen Machtübernahme im Land vergangen (1948) und die Regierung fuhr einen rigiden Kurs der Unterdrückung gegen alles, was nicht ins Schema des Kommunismus passte.

Gabi hörte jeden Tag Radio der britischen BBC. Er war sich darüber im Klaren, dass seine bürgerliche Herkunft ihm Schwierigkeiten bereiten würde. Als Patentanwalt in der Chemie war er eigentlich sehr geschätzt, doch die politische Kategorisierung überwog die fachliche Kompetenz: Bei der politischen Überprüfung wurde er in die Kategorie C eingeordnet, eine Einordnung, die ihm jede höhere Position in Administration und Wirtschaft verwehrte. Mit düsterer Miene meinte Gabi, er sei noch glimpflich davongekommen, viele seiner Kollegen wurden in die Kategorien D und E eingestuft. Im Volksmund hiess das ***„u lopaty" - „an der Schaufel"***. Vor der Zuverlässigkeitsprüfung war Ivans Stiefvater noch im Ministerium für Forstwirtschaft tätig gewesen, danach wurde er an das Institut für Papier und Zellulose versetzt. Später fand er eine Anstellung im Patentbüro einer Genossenschaft. An Ivan erteilte er den Rat, sich bei Mitschülern und Lehrern mit Äusserungen, die politisch gedeutet werden konnten, zurückzuhalten.

Das Schulfach Chemie hatte es Ivan von Beginn angetan. Schon vor der Schule hatte ihm seine Mutter – vielleicht zu früh – einige Sachverhalte aus der Chemie erklärt und seine Fantasie mit Ausdrücken wie aqua destillata, Wasserstoff und Sauerstoff geweckt. Ab der ersten Unterrichtsstunde faszinierte ihn der Aufbau der chemischen Elemente mit Atomen, Molekülen und Elektronen. Den Schulstoff beherrschte er schnell und im Handumdrehen, ja, er war ihm weit voraus. Er erwarb die Mitgliedschaft in der Bibliothek und schrieb dort das System der chemischen Elemente ab, das heutige Periodensystem nach Mendelejew. Auch zeichnete er die Elektronenschalen und Valenzschalen und bald kannte er die Periodentabelle fast auswendig. In der Bibliothek stiess er auch auf Bücher zum Atommodell von Niels Bohr und lernte Elektronen, Protonen und Neutronen zuzuordnen.

Ivan nahm weiter an den Treffen von Junák, den Pfadfindern teil. Die Zeit, die er der Pfadfinderbewegung in Prešov angehört hatte, war für ihn prägend gewesen. Doch die Treffen der Pfadfinder in seiner neuen Umgebung in Prag waren nur noch von kurzer Dauer. Eines Tages kam sein Klassenlehrer, Herr Schindelar, zu seinen Eltern nach Hause. Das war ungewöhnlich, dass ein Lehrer die Eltern privat aufsuchte, und verhiess nichts Gutes. Lehrer Schindelar informierte Ivans Mutter und Stiefvater, dass er der Einzige in der Schule sei, der noch nicht Mitglied der staatlichen Jugendorganisation Junge Pioniere (Pionýr) sei. In der Schule hatte Ivan erklärt, er sei Mitglied bei den Pfadfindern und brauche keine Mitgliedschaft bei den Pionýr. Es bedurfte keiner weiteren Worte. Am nächsten Tag trat Ivan den Pionieren bei. Das betrübte ihn sehr, denn er betrachtete diesen unvermeidlichen Schritt als Verrat. Weitere Gewissensbisse blieben ihm erspart, denn wenige Wochen später wurden die Pfadfinder verboten. Der Leiter seiner Pfadfindergruppe, Herr Vlach, wurde wie viele andere führende Pfadfinder verhaftet und verurteilt.

Um 1950 wurde das „Haus der Pioniere" im Stadtteil Karlin eröffnet, wo sich eine Chemie-Gruppe konstituiert hatte, der Ivan beitrat. Mit dem Versuchs-Instrumentarium konnte man einmal wöchentlich einfache chemische Experimente durchführen. Die hatten durchaus Qualität und ausserdem fand hier, im naturwissenschaftlichen Bereich, keine politische Indoktrination statt.

Die Jungen Pioniere, offizielle Jugendorganisation der CSSR, wurden 1949 nach dem Vorbild der sowjetischen Jugendorganisation gegründet, die regimetreue Bürger von klein auf erziehen sollte. Nachdem die kommunistische Staatsführung zuerst versucht hatte, den Pfadfinderverband Junák mit seinen 180 000 Mitgliedern zu übernehmen, kam es zu Massenaustritten. Die meisten Pfadinder liessen sich nicht vereinnahmen. Doch die Organisation Pionýr ist eine Pflichtinstitution geworden, dort war man mehr oder weniger automatisch Mitglied, mit unvermeidlichem Treueeid auf den Staatspräsidenten:

„Dass ich ein rotes Halstuch hab,
dass ihr es nur ja erfahrt,
inbrünstig danke ich dafür
dem Genossen Gottwald."

Auch im Schulsystem sollte das russische Vorbild umgesetzt werden. In der Tschechoslowakei wurden mehrere Schulreformen durchgeführt, um das Schulsystem dem sowjetischen Modell anzupassen. Nach vier Jahren mittlerer Stufe war die Grundausbildung beendet. Zu diesem Zeitpunkt sollte jede Schule ein paar Schüler für den Kohlenbau gewinnen können. Tatsächlich meldeten sich dafür zwei Schüler aus Ivans Klasse, einige andere begannen eine Lehre. Doch viele wollten auf das Gymnasium oder Technikum.

Die Übersiedlung in die Grossstadt Prag hatte Ivan von Beginn an begeistert. Die Stadt war grau und schmutzig, Kriegsschäden noch sichtbar. Gegen Kriegsende hatten amerikanische Bomber auch Gebäude im Stadtkern zerstört, doch die Schäden waren im Vergleich zu anderen bombardierten Städten gering. Hinter den grauen Mauern blühte ein reges Kulturleben, für das sich Ivan nach und nach zu interessieren begann.

Abb. 9: Postkarte aus Prag (nach dem Zweiten Weltkrieg).

Ivans Mutter hatte sich dem Leben in der Grosstadt schnell angepasst, das sie ebenso wie ihr Mann noch von den Zeiten als Studierende an der Universität kannten. Ob Konzerte, Theater oder Ausstellungen, die Grossstadt bot vielfältiges Kulturleben zu günstigen Preisen und von hoher Qualität.

Ab dem Schuljahr 1952 besuchte Ivan die Chemische Fachschule (Chemická průmyslova škola) in der Stadt, eine Fachschule, die bei seiner Begeisterung für Chemie als logisch erschien. Die Fächer dort, analytische Chemie und Biochemie, deckten genau das ab, wofür er sich interessierte. Er lernte viel über chemische Reaktionen, über die Reaktionsgeschwindigkeiten und die benötigte Aktivierungsenergie für die Reaktionen und über die Beschleunigung langsamer Reaktionen durch Enzyme. Enzyme, das war überhaupt der neue Begriff, der ihn nicht losliess. Neben dem Chemieunterricht interessierte ihn auch der Stoff in Biologie sehr. Die Schuljahre waren ganz nach seinem Geschmack.

Doch zurück zu dem Schuleintritt im Jahr 1952. Es war eine sehr düstere Zeit, in der die sogenannte „Slánský-Afera" im Vordergrund stand. Rudolf Slansky, dem Generalsekretär der Kommunistischen Partei, wurde mit 13 weiteren Mitgliedern der KP, von denen elf Juden waren, staatsfeindliche Verschwörung vorgeworfen. Ein stalinistischer Schauprozess wegen „trotzkistisch-titoistisch-zionistischer Verschwörung" endete mit erpressten Geständnissen und vorgefertigten Urteilen wie in den dreissiger Jahren in der Sowjetunion. Die elf Todesurteile wurden im Dezember 1952 vollstreckt.[5]

Nur Monate später, am 5. März 1953, starb Stalin, am 14. März folgte ihm der tschechische Staatspräsident Gottwald. Gabi öffnete eine Flasche Tokaier.

Im selben Jahr wurde eine Währungsreform durchgeführt, durch die alle Ersparnisse der Bevölkerung entwertet wurden.

5 Jan Gerber, Ein Prozess in Prag. Das Volk gegen Rudolf Slansky und Genossen, Göttingen/Bristol 2016.

Mit dem Eintritt in die Chemische Fachschule war auch die Mitgliedschaft in der staatlichen Jugendorganisation CSM automatisch verbunden. Wer sich weigerte, kam in Schwierigkeiten. Ivan bewunderte den Mut zweier Slowaken aus Trnava, die sich geweigert hatten, Mitglied zu werden. Er wusste, dass er sich eine Verweigerung nicht leisten konnte: Gabi war nach der neuesten politischen Durchleuchtung, genannt Proverka, herabgestuft worden. Eine Weigerung Ivans hätte die Familie ins Schlaglicht politischer Überwachung gestellt. Die Anpassung ging weiter.

Für die Mitglieder der CSM war die Teilnahme an den 1. Mai-Umzügen und Kundgebungen obligatorisch. An der Versammlungsstelle liessen sich die Teilnehmer in die Kontrollliste eintragen. Das war wichtig, denn die Liste wurde den politischen Kontrollorganen vorgelegt. Die Versammlung fand zu früher Stunde statt und die meiste Zeit stand man herum, berichtet Lefkovits. Doch irgendwann bewegte sich der Zug langsam Richtung Wenzelsplatz entlang der Staatstribüne mit den Parteigranden. Der Umzug sollte anschliessend zurück zum Ausgangspunkt führen, doch viele Teilnehmer machten sich in dem Wirrwarr nach dem Tribünendurchmarsch aus dem Staub. Nicht alle konnten verschwinden: Die Leidtragenden waren die, die Transparente getragen haben. Es wäre unklug gewesen, diese irgendwo liegen zu lassen. Ivan betont, dass niemand aus seiner Klasse je das blaue CSM-Hemd getragen hat. Der letzte 1. Mai-Umzug vor der Matura (1956) war im Jahr 1955.

Über die politischen Ereignisse in den Ostblockstaaten erfuhr die Bevölkerung wenig, weder über die Aufstände in der DDR im Jahre 1953 noch über die Arbeiterstreiks und einen Aufstand gegen die Regierung im polnischen Posen Sommer 1956. Im Oktober des Jahres 1956 folgte in Ungarn ein Aufstand gegen die kommunistische Regierung. Die sowjetischen Streitkräfte griffen ein und setzten eine neue, Russland ergebene Regierung ein. Im Jahr zuvor war im Prager Letna-Park ein Stalin-Denkmal

Abb. 10: „Warteschlange für Fleisch“ – das Stalindenkmal.

eingeweiht worden, 15,5 Meter hoch und 22 Meter breit – das grösste Stalin-Denkmal weltweit.

Es zeigte den russischen Diktator als Führer, hinter ihm in zwei Reihen tschechische und russische Proletarier. Bei der Errichtung des Denkmals kamen sechs Arbeiter ums Leben. Der Volksmund verspottete die Skulptur als *fronta na maso*, Warteschlange für Fleisch, eine Anspielung auf die schlechte Versorgung mit Lebensmitteln und allen Gegenständen des täglichen Bedarfs. Als Nikita Chruschtschow Prag besuchte, zeigte er sich entsetzt über das Denkmal. Denn in der Sowjetunion begann kurz danach mit dem XX. Parteitag der KPdSU die Entstalinisierung. Das Denkmal-Ungetüm wurde schliesslich 1962 von der Armee gesprengt. Die Trümmerteile – Köpfe, Arme, Beine – wurden mit offenen LKWs durch die Altstadt abtransportiert. Das passte zu der Stadt des Absurden Theaters und des braven Soldaten Schwejk.

Der Weg zum Studium der Chemie und der Biologie war für Ivan klar vorgezeichnet. Doch er konnte trotz seiner hervorragenden Matura keineswegs sicher sein, dass er zum Studium zugelassen würde. Die „bourgeoise Herkunft" konnte ihm im Weg stehen. Einen Trumpf hatte Ivan allerdings im Ärmel, den er selten, aber in diesem Fall doch ins Spiel brachte. Er verfügte über die Bescheinigung Osvědčení 255 für Menschen, die unter der Naziherrschaft verfolgt worden waren. Der Staat garantierte den Verfolgten einen Vorrang (přednostní právo) bei allen Antragstellungen. Eigentlich widerstrebte es Ivan, sich so einen Vorteil zu verschaffen; er wollte, dass man mit gleich langen Spiessen kämpft. Doch wenn er damit die politische Benachteiligung ausgleichen konnte, sah er es als gerechtfertigt an, diese Bescheinigung zu seinem Antrag auf Zulassung zum Studium vorzulegen. Er wurde zum Uni-Studium zugelassen.

Im Jahr 1956 nahm er das Studium an der Universität in Prag auf. Doch bald musste er erkennen, dass ein Teil des Studienangebots nichts mit der Vermittlung wissenschaftlicher Erkenntnisse zu tun hatte. Unterricht in klassischer Botanik, Zoologie, Technisches Zeichnen und vor allem der omnipräsente Marxismus-Leninismus waren obligatorisch zu absolvieren. Wie wohl viele andere empfand auch Ivan das als eine Zwangsjacke. Er versuchte, eine Diskussion über den Fächerkanon und die Art der Wissensvermittlung zu entfachen. Dazu dienten ihm Unterlagen der ETH Zürich, die ihm als vorbildlich für universitäre Ausbildung galten.

Abb 11: Foto von dem Abiturtableau (1956).

Das kam nicht gut an. Man beorderte ihn ins Dekanat und machte ihm klar, dass eine Diskussion unerwünscht sei. Und schon gar nicht über westliche Vorbilder, das sei eine Verbeugung vor dem Westen! *„Ja, Genosse, wenn es doch Unterlagen von der Lomonossow-Universität wären."* Schwang da eine Prise Ironie mit?

Die Autonomie der Hochschulen war mit dem Hochschulgesetz 1950 praktisch ganz abgeschafft worden und das Universitätsstudium dem Schulunterricht angeglichen, mit Pflichtveranstaltungen, Kontrollen und Sanktionen. Die Zahl der Lehrstühle für Marxismus-Leninismus hatte in epidemischem Ausmass zugenommen. An den Universitäten sollte eine konforme und staatsloyale Intelligenz ausgebildet werden.[6] Ivan arbeitete im Studentenausschuss mit und bemühte sich um Studienreformen, vergeblich.

Das wichtigste Fach des ersten Semesters war Anorganische Chemie, vorgetragen von Frantisek Petru. Das hervorragende Lehrbuch der Anorganischen Chemie stammte von Otto Wichterle und eben Petru. Der Professor forschte über seltene Erden. Dabei ging es um die Extraktion von Scandiumtrichlorid $ScCl_3$. Scandium wird für Titanlegierungen verwendet. Die Kolloquien von Petru waren beliebt und boten für Ivan eine erste Gelegenheit, sich in einem echten Forschungslabor umzusehen. Die Forschung wurde von Bohumil Hajek, einem strammen Kommunisten, geführt.

Eines der anspruchsvollsten Fächer war Organische Chemie, geführt von dem Institutsvorsteher Rudolf Lukes. Seine Vorträge waren anspruchsvoll – und die Prüfungen waren oft zermürbend: Es wurden mehrere Adepten gleichzeitig geprüft und man musste für die Prüfung einen ganzen Tag reservieren. Ivan schaffte die Prüfung erst im zweiten Anlauf und war damit wohl in guter Gesellschaft mit vielen anderen Kommilitonen.

Die Laborarbeiten dienten als Übungen, um Handfertigkeiten im Filtrieren, Fällen, Destillieren oder Kristallisieren zu erlangen. Als Schlussaufgabe galt es, eine Substanz zu synthetisieren. Die Labors waren sehr beliebt, doch atmete man eine ganze Menge toxischer Dämpfe ein. Nicht alle Labortische waren mit Abzugshauben ausgestattet.

Die Fächer Analytische Chemie und Physikalische Chemie waren ebenso beliebt und gut geleitet, zugleich aber entspannt. Die Prüfungen hingegen waren streng, erzählt Ivan Lefkovits. Obwohl seitdem mehr als ein halbes Jahrhundert vergangen ist, haben Namen wie Arnost Reiser, Eduard Hala und Emerich Erdös auch heute noch wissenschaftliches Gewicht. Ivan stand der Persönlichkeit Reisers besonders nahe. Reiser hatte die KZ Theresienstadt und Auschwitz überlebt und wurde 1951 Leiter des Instituts für Physikalische Chemie. 1960 emigrierte er unter abenteuerlichsten Umständen: Während einer Ostseereise sprang er mit seiner fünfköpfigen Familie – inklusive Grossmutter – von einem Ausflugsboot der DDR ins Wasser und schwamm mit ihnen zur dänischen Küste. Dort wurden sie festgenommen, befragt und auf Fürsprache von Niels Bohr freigelassen. Später unterrichtete Arnost Reiser in England und den USA. Mit der Ausbildung an der Universität war Ivan keineswegs zufrieden. Zwar boten die ersten drei Jahre eine gute Grundlage in den Fächern, an denen man interessiert war. Doch das vierte Jahr war eindeutig eine Zeitverschwendung. Im Chemiestudium

6 Jaroslav Pažout, Die Studentenbewegung in der kommunistischen Tschechoslowakei (1948 – 1989), in: Jugend in der Tschechoslowakei. Konzepte und Lebenswelten (1918 – 1989), Göttingen 2016, S. 302f.

wurden brave Chemiker für den Aufbau des Sozialismus im Land herangezüchtet, die keine weitergehenden und modernen Kenntnisse brauchten. Was vollständig fehlte, war eben vor allem die Genetik. Er schrieb sich deshalb in Kurse der Genetik bei Prof. Jiri Starka an der Karls-Universität ein. Mit diesem Seitensprung an eine andere Universität eignete er sich nicht nur neue nützliche Kenntnisse an, sondern begann einen langen wissenschaftlichen Kontakt zu pflegen, der bis in die spätere Zeit von Starkas Labor in Marseille reichte.

Obwohl sein Hauptinteresse den Naturwissenschaften galt, zog Ivan das Kulturangebot in der Grossstadt sofort in ihren Bann. Mutter und Gabi führten ihn in die klassische Musik ein, dann aber traten für den Jugendlichen Jazz und Kinofilme ins Zentrum. Das Regime zeigte sich kulturfreundlich, solange Kultur nicht gegen die Staatsideologie verstiess. Die staatliche Kontrolle umfasste alle kulturellen Äusserungen. Das ging so weit, dass Jazzorchester vor einer staatlichen Kommission vorspielen mussten, bevor sie eine Genehmigung erhielten. Gershwins „Porgy and Bess", die Geschichte unterdrückter Schwarzer in den Vereinigten Staaten, ermöglichte dann in den sozialistischen Staaten dem Jazz den Durchbruch. Die Stadt hatte einige gute Jazzclubs wie das „Pygmalion" und bildete eine eigene jugendliche Jazz-Subkultur heraus. ***„Jazz is not just music. It is the love of youth"*** formulierte es der Schriftsteller Josef Škvorecký. Im freieren Klima der sechziger Jahre konnten einige herausragende Musiker wie Miroslav Vitous oder Jan Hammer, später Pianist des Mahavishnu Orchestra, heranwachsen. Sie verliessen das Land nach der Niederschlagung des Prager Frühlings. In den Kinoproduktionen der „Nová Vlna" (neue Welle) stand zu dieser Zeit das Thema Jugend im Mittelpunkt, Jugend als Aufbruch zum sozialistischen neuen Menschen. Innerhalb der Vorgaben des „sozialistischen Realismus" wurde durchaus eine Bandbreite jugendlichen Verhaltens thematisiert , die nicht systemkonform war. So zeigte „Slečna od vody" (Das Fräulein vom Wasser), Drehbuch von Pavel Kohout, delinquente Jugendcliquen und in „Starci na chmelu" (Hopfenpflücker) prallten Konflikte von Jugendlichen und Erwachsenen ohne Happy End aufeinander.[7] Die auch im Westen bekannten Miloš Forman (Der Feuerwehrball, 1967) und Vojtěch Jasny (Alle guten Landsleute, 1968) waren Absolventen der weltweit anerkannten Prager Filmhochschule.

Sämtliche Kultur, Filme, Theater, Literatur, Klassik und Jazz waren staatlich reglementiert und von der Zensur kontrolliert. Der „sozialistische Realismus" wurde in der Literatur zum verbindlichen Einheitsstil erklärt.[8] Es existierten keine privaten Verlage. Den staatlichen Verlagen war vorgegeben, dass sie bestimmte Bücher, die dem sozialistischen Kanon entsprachen, publizieren mussten: Sachbücher und Literatur über den Marxismus-Leninismus, die Sowjetunion oder Kuba. Diese sehr starre ideologische Begrenzung und Zensurüberwachung lockerte sich nach 1956. Darüber hinaus erschienen eine Anzahl Übersetzungen fremdsprachiger Weltliteratur, wie sich

7 Zum Film in der CSSR dieser Zeit Martina Winkler, Zwischen Zukunftsideal und Rebellentum. Das Thema „Jugend" im tschechischen Film, 1952–1964, in: Jugend in der Tschechoslowakei, a. a. O., S. 417–437. Irina Kazaryna, Der tschechoslowakische Film, in: Stefan Karner u. a. (Hg.), Prager Frühling. Das internationale Krisenjahr 1968, Köln/Weimar/Wien 2008, S. 141–155.

8 Zur Literatur in der Tschechoslowakei Jiří Holý, Tschechische Literatur 1945–2000. Tendenzen, Autoren, Materialien, Wiesbaden 2011.

Ivan erinnert: Romain Rolland, Marcel Proust, Samuel Beckett, E.A. Poe, William Faulkner, John Updike, Truman Capote, Saul Bellow, Mario Vargas Llosa, Jorge Luis Borges oder auch Michail Bulgakow. Von den Schweizer Autoren waren etwa Max Frisch oder Friedrich Dürrenmatt erhältlich. Hingegen fand man zu dieser Zeit im Buchladen definitiv keinen Solschenizyn[9], aber auch nicht George Orwells „1984" oder Aldous Huxleys „Schöne neue Welt". Eigentlich nichts von Orwell, Huxley und ähnlichen Renegaten des Sozialismus.

Die Buchproduktion der Planwirtschaft wurde so ausgerichtet, dass die Bücher immer am Donnerstag ausgeliefert wurden. Eine Woche vorher erschien ein Bulletin mit der Liste der Bücher, die neu in die Buchhandlungen kamen. Mit der Folge, dass sich donnerstags schon vor sechs Uhr am Morgen lange Schlangen vor den Buchhandlungen bildeten. Kurz nach der Öffnung der Buchläden war oft schon die ganze Auflage verkauft. Andererseits kauften alle Leser zum selben Zeitpunkt die neuen Bücher und ein ganzes Land las dieselben Bücher. Neue Bücher wurden gekauft, ausgeliehen und vor allem heiss diskutiert.

Im Jahr 1963 fand in Liblice eine Tagung zu Franz Kafka mit dem Thema „Entfremdung" statt. Sie bildete im Vorfeld des „Prager Frühlings" den Auftakt zu einer freieren geistigen Atmosphäre, in der kritische Werke veröffentlicht werden konnten – welche, die den Leser und auch Ivan wirklich interessierten. Innerhalb gewisser Grenzen bildete sich eine erstaunliche Vielfalt heraus. Es gab junge tschechische und slowakische Autoren, die relativ frei schreiben konnten, solange sie nicht zu grundsätzliche Ablehnung artikulierten. Sie widmeten sich alltäglichen Themen und fanden grosse Beachtung. Oft kämpften sie mit der Zensur und waren erfolgreich. Rückte die staatliche Zensur zu nahe, flüchteten sich manche Schriftsteller in unverfängliche Kinderliteratur, die – auch im westlichen Ausland – grosse Erfolge feierte. Zu den bekanntesten Persönlichkeiten gehörten der Schriftsteller Josef Škvorecký, der Schriftsteller, Theatermann und Politiker Pavel Kohout und der Journalist, Lektor und Schriftsteller Ivan Klima. Internationale Bekanntheit erlangten Bohumil Hrabal, Václav Havel und Milan Kundera.

Mutters und Stiefvaters literarisches Interesse galt der klassischen Literatur. Für Ivan boten die literarischen Werke einen Ausflug aus der engen Welt des „realen Sozialismus" mit ihren Einschränkungen der individuellen Freiheit und ihrer staatlich verordneten Gedankenwelt. In der Tristesse grauer Mauern und geistiger Enge gewährte Literatur einen gewissen Freiraum. In einem Land, das man nicht verlassen konnte, bot Literatur einen Ausweg: ***„Was Flügel für die Vögel sind, sind Bücher für die Menschen"*** (Ivan Lefkovits).

An neu entstandenen Kleinkunstbühnen der Hauptstadt wie dem „Semafor" und dem „Theater am Geländer" wurden die Stücke des Absurden Theaters von Klima, Kohout und Havel aufgeführt. Die Zeitschrift Světová literatura, eine Literatur-Revue, berichtete über die Literatur in der Welt und auch über Neuerscheinungen, die nicht in der CSSR zugelassen waren. Die Buchbesprechungen orientierten sich am offiziellen marxistisch-leninistischen Kanon, doch boten sie immerhin eine Übersicht über die

9 Später in der Phase der Liberalisierung vor 1968 erschienen auch Bücher von Solschenizyn.

Entwicklungen der Literatur auch in der westlichen Welt. Eine weitere Zeitschrift, die sich der Literatur widmete, war Plamen.

Doch während der ersten drei Jahre des Studiums blieb Ivan nicht viel Zeit für Ausgehen und Kultur konsumieren. Das Studium gab den Rahmen vor und darüber hinaus war kaum freie Zeit. Er freundete sich mit anderen Studenten an, mit denen er gelegentlich Sport trieb oder Kulturveranstaltungen besuchte. Nach Hause konnte er kaum jemanden einladen, vor allem auch wegen der engen Wohnverhältnisse. Doch man ging tanzen, es gab Tanzlokale mit guter Musik und es gab Treffen der Jüdischen Gemeinde – wo Ivan nicht Mitglied war – ebenfalls mit Tanzveranstaltungen. Auch die eine oder andere Liebschaft pflegte er. Ivan wohnte weiterhin bei seinen Eltern, was das Übliche bei Studenten war. Nur die auswärtigen Studenten wohnten in Studentenheimen. Einzelzimmer gab es dort keine, bis zu vier Studenten teilten sich ein Zimmer. In Erinnerung geblieben ist Ivan Lefkovits das Studentenheim „Sinkuleho kolej", wo man sich öfter in der Mensa, in Gemeinschaftsräumen traf. Dort gab es einen legendären Coiffeur, der einem für zwei Kronen einen Haarschnitt verpasste. Die Dauer der Behandlung lag bei fünf Minuten! Durch die Hände des Coiffeurs sind zehntausende Studentenköpfe gegangen.

Die Möglichkeiten, Sport zu treiben, waren gesellschaftlich verankert. Disziplinen von Kanufahren über Gleitschirmfliegen bis zu Motorsport bot die paramilitärische Svazarm, der Verband zur Zusammenarbeit mit der Armee, der nach sowjetischem Vorbild aufgebaut war. Wer das nicht wollte, dem blieb eigentlich nur Schwimmen oder Skifahren übrig – immerhin. Auch die Organisation einer freien sportlichen Betätigung in Vereinen war dem Regime verdächtig.

An der obligatorischen Militärausbildung für Studierende musste Ivan teilnehmen. Eine reine Zeitverschwendung, wie er meint, aber erstaunlicherweise bot gerade der Aufenthalt beim Militär ein Ventil gegen den ständigen Gehorsam, den das System einem abverlangte. Man redete dort ziemlich frei, erzählt Ivan Lefkovits, obwohl man wusste, dass auch linientreue Genossen dabei waren. Selbst nach staatsfeindlichen Witzen gab es hier keine Denunziationen wie sonst üblich. Nach den Übungen verabredete man sich noch auf ein Bier in der Gaststätte und auch dort wurde ein offener Ton angeschlagen – ohne Folgen.

Während die Studienveranstaltungen in der Chemie auf einem hohen Niveau stattfanden, dämmerte Biologie auf einem dürftigen Level, das nicht dem aktuellen Stand der Wissenschaft entsprach. Die Namen der aktuell führenden Biologen wie Francois Jacob, Jacques Monod, André Lwoff, Salvador Edward Luria, Max Delbrück und Alfred Hershey – allesamt westliche Wissenschaftler – existierten nicht. Die französischen Mikrobiologen Jacob, Monod und Lwoff forschten auf dem Gebiet der genetischen Kontrolle der Synthese von Enzymen und Viren und erhielten 1965 den Nobelpreis für Physiologie und Medizin dafür. Luria, Delbrück und Hershey erhielten vier Jahre später ebenfalls diesen Preis für ihre Entdeckungen zur Vermehrung von Viren und ihrer genetischen Struktur.

Die Grundkenntnisse der Biochemie wurden von Vladislav Šicho zwar nicht schlecht, doch hoffnungslos veraltet vermittelt: Im Mittelpunkt standen die zyklischen biochemischen Reaktionsketten wie der Krebs-Zyklus (benannt nach dem Entdecker Hans A. Krebs) oder Citratzyklus. Der Krebs-Zyklus ist ein Kreislauf biochemischer

Prozesse, der eine wichtige Rolle im Stoffwechsel der Zellen von Lebewesen spielt und hauptsächlich dem oxidativen Abbau organischer Stoffe zur Energiegewinnung dient. Der vertriebene jüdisch-deutsche Biochemiker Hans A. Krebs entdeckte ihn 1937 in Grossbritannien und erhielt dafür den Nobelpreis. Der Krebs-Zyklus war das damalige A und O der Kenntnisaneignung über Stoffwechselsysteme. Dieser Typ der Biochemie war eine wichtige Basis, eine Voraussetzung, um das Neue zu verstehen. Aber es kam nichts Neues dazu. Es war die klassische Biochemie der Vierzigerjahre. Das waren keine systembedingten Fehler, es war Ergebnis einer ungenügenden Ausbildung der Ausbilder. Während die Biochemie veraltet vermittelt wurde, bestimmte in der Biologie die politische Ideologie die Studiencurricula.

Die klassische Biochemie hat dem Studenten Lefkovits dennoch etwas Wichtiges gebracht, und das mit entscheidenden Folgen. In den biochemischen Labors lernte er die hübsche Studentin Hana kennen, die er zwei Jahre später heiratete und mit der er mittlerweile sechs Jahrzehnte zusammen ist.

Abb. 13: Hochzeit von Ivan und Hana (1962).

Lefkovits bedauert, dass im Studium keine Kenntnisse der Genetik und der Molekularbiologie vermittelt wurden. Durch die Entdeckungen von Gregor Mendel (1822–1884) war Genetik in der Tschechoslowakei traditionell gut verankert – doch politisch nicht opportun. Die Entschlüsselung der DNA-Struktur (ikonisch auch heute noch als Doppelhelix dargestellt) und die Erkenntnis, dass dieses Molekül der Träger der Erbgutinformation ist, blieb den Unistudenten verborgen. Die Namen von Francis Crick und James Watson, denen der bahnbrechende Durchbruch gelungen ist (1953), waren sozialistischen Dogmen unbequem und verdächtig.

Schon damals und mehr noch im Nachhinein erscheint es Ivan Lefkovits unbegreiflich, dass die Universität keine molekularbiologischen Kenntnisse vermittelte. Zwar beinhaltete der Lehrplan Veranstaltungen über Enzyme und deren Funktion, doch die molekularbiologischen Aspekte der Vererbung blieben ausgeklammert, da sie den ideologischen Vorgaben der stalinistischen Doktrin zuwiderliefen. Diese bestritt, dass Eigenschaften von Lebewesen durch Gene und Vererbung bestimmt werden und führte sie ausschliesslich auf Umweltbedingungen zurück. Gene galten als unsozialistisch. Die sowjetische Wissenschaft orientierte sich dabei an den Theorien des Agrarwissenschaftlers Trofim Lyssenko (sowie Mitschurin und Lepeschinskaja), dem sogenannten Lyssenkoismus, der den wissenschaftlichen Erkenntnisstand der Genetik ignorierte und verneinte. Er trug zu katastrophalen Missernten in der Sowjetunion bei, indem in Russland und der Ukraine Anbauflächen mit Weizen bepflanzt wurden, die dafür klimatisch nicht geeignet waren. Der Lyssenkoismus gilt heute als Beispiel einer politischen Indienstnahme der Naturwissenschaften und Verfälschung wissenschaftlicher Ergebnisse.

Abb. 12: Uniabschluss: Diplomübergabe im Prager Karolinum 1961.

Für die Diplomarbeit standen mehrere Themen zur Auswahl. Eines davon war die Untersuchung des Enzyms Katalase im Schimmelpilz Aspergillus. Katalase ist ein Enzym, das in Bakterien, Pflanzen und Tieren vorhanden ist. Es konvertiert Wasserstoffperoxyd in Wasser und Sauerstoff. Millionen dieser Wasserstoffperoxyd-Moleküle werden pro Sekunde zersetzt und durch die Reaktion wird ein oxydativer Schaden an den Zellen abgewendet. Dabei interessierte Lefkovits besonders, dass eine chemische Reaktion durch ein Enzym beschleunigt werden kann. Er schloss die Diplomarbeit erfolgreich ab[10] und verteidigte sie. Aus dem experimentellen Teil entstand eine Patentanmeldung.[11] *„Das weckte in mir das Interesse an der Grundlagenforschung und nicht an dem, worauf mich die Chemisch-Technische Hochschule vorbereitete, nämlich den Sozialismus in einer Chemiefabrik aufzubauen oder sich mit praktischen Anwendungen zu beschäftigen.“*

Lefkovits erinnert sich weiter an die Ursprünge seines Interesses an Enzymen: *„Dies stammt noch von Chemiestunden am Technikum. Damals faszinierte mich, dass es spezielle Moleküle gibt, die eine chemische Reaktion beschleunigen. Es gibt schnelle und langsame Reaktionen. Diese Reaktionen kann man berechnen. Es gibt Gleichungen, mit denen man die Reaktionen berechnen kann. Es ist sehr wahrscheinlich, dass mich Molekularbiologie viel mehr fasziniert hätte, doch ich hatte damals keine Ahnung, dass es so ein Gebiet überhaupt gibt. Ein Riesenversäumnis des damaligen schwerfälligen Systems.“*

Nach dem Abschluss der Universität meldete sich der frisch diplomierte Chemiker für eine Weiterbildung, sprich: für die Doktorarbeit, an der Akademie der Wissenschaften an. Unter den Bewerbern lief ein Auswahlverfahren und die erfolgreichen Kandidaten konnten sich über eine dreijährige Stelle als sogenannte „Aspiranten“ freuen. Tatsächlich gelang es Ivan, eine solche „Aspirantur“ zu erhalten, die er an der Akademie in einigen Monaten antreten sollte. Leider stellte sich das Zuweisungskomitee der Universität quer und beanstandete seine „bourgeoise Herkunft“. Ein solcher Bewerber sollte nicht an die Akademie, sondern sich erst einmal im „Volk“ bewähren. Der Uniabsolvent erhielt eine Zuweisung, tschechisch *Umistěnka*, und musste eine Pflichtarbeitsstelle antreten. In Lefkovits’ Fall verordnete ihm die Zuweisung eine Stelle als Chemiker (směnový chemik) in einer Chemiefabrik in Rajec in Mähren. Dort arbeitete er an einem interessanten biochemischen Verfahren, der Butanol-Aceton-Fermentation. Die Rájec-Episode dauerte nur ein halbes Jahr, dann wurde er zur Armee eingezogen, nach Červena Voda im Orlické-Gebirge. Die Akademie indes verhielt sich nobel, indem sie ihm die zugesicherte Stelle das ganze Jahr reservierte. Im Oktober 1962 konnte er seine Tätigkeit an der Abteilung für technische Mikrobiologie dort aufnehmen. Sein Interesse an Enzymen konnte er dann in einem qualitativ hochstehenden, modernen wissenschaftlichen Umfeld entfalten. Damit war der Grundstein für seine zukünftige Karriere gelegt.

10 Ivan Lefkovits, Catalase activity during fermentation of Aspergillus niger on various substrates. Master of Science Thesis, University of Chemistry and Technology, Prague 1961.

11 Ivan Lefkovits. Vladimir Munk: Způsob výroby katalázy (Methode zur Herrstellung von Katalase), Patent Nr 104417, 10. Juni 1961.

An der Akademie der Wissenschaften 1962 bis 1965

Abb. 14: Akademie der Wissenschaften Prag-Krc.

Über die Akademie der Wissenschaften wusste Lefkovits recht wenig, doch er hatte eine hohe Wertschätzung dieser wichtigsten Forschungsinstitution des Landes und er wusste, dass dort Grundlagenforschung betrieben wird. Doch Forschungsprojekte welcher Richtung an den Instituten liefen, war ihm völlig unbekannt. Sein Studium hatte ihm nur die in Stein gemeisselten Kenntnisse der Schulchemie vermittelt, und in Teilen auf einem nicht der aktuellen Forschung entsprechenden Niveau. Eben um brave Chemiker für die Produktion heranzuzüchten. Er hoffte, an der Akademie neue Forschungsfelder kennenzulernen.

Die Tschechoslowakische Akademie der Wissenschaften (Československá akademie věd) war 1952 aus dem Zusammenschluss der Tschechischen Akademie der Wissenschaften und Künste, der Königlich Böhmischen Gesellschaft der Wissenschaften sowie weiterer staatlicher Institute hervorgegangen.[12] Für die Slowakei war eine eigene Akademie geschaffen worden. Während die Universitäten 1950 mit dem Hochschulgesetz das sowjetische Modell kopierten und einer rigiden Kontrolle unterworfen waren, genoss die Akademie eine gewisse Autonomie. Forschungen waren unbeschränkt möglich und Erkenntnisse frei zugänglich. Es fanden offene Diskussionen statt. Auch die an den Hochschulen verfemten Wissenschaftler, die sich außerhalb des ideologisch vorgegebenen Rahmens bewegten, wurden aufgenommen und konnten hier ihre Forschungen relativ frei fortführen. Der Philosoph Jan Patočka, Schüler von Husserl und Heidegger, der Literaturwissenschaftler Václav Černý und vor allem der Chemiker Otto Wichterle – Lehrer von Lefkovits – gehörten zu ihnen. Ihr oppositionelles Denken ließ sie dann später zu führenden Figuren des Prager Frühlings werden, die nach dessen Niederschlagung in der euphemistisch so genannten „Normalisierung“ stark unter der Repression zu leiden hatten. Mit der „Samtenen Revolution“ vom November 1989 kam die lang erhoffte demokratische Wende, nach der Wichterle 1990 schließlich zum Präsidenten der Akademie gewählt wurde. Andere

12 Zu ihrer Geschichte: www.avcr.cz/en/about-us/history/history-overview. 23. Januar 2024. Tschechoslowakische Akademie der Wissenschaften. Geschichte und Gegenwart (dt. Übersetzung Rudolf Rada), Prag 1982.

wichtige Persönlichkeiten wie der erwähnte Jan Patočka haben die neue Freiheit nicht mehr erlebt. Patočka starb nach einem Verhör durch die Geheimpolizei.

Anfang der sechziger Jahre war die Akademie der Wissenschaften ein Konglomerat von Instituten verschiedener Ausrichtungen, die hauptsächlich in Prag angesiedelt waren, doch einzelne Institute auch an anderen Orten. Das Institut für Mikrobiologie war in Prag-Dejvice im Nordwesten beheimatet, doch drei Jahre später zog man in den Stadtteil Krc um. Dort im Süden der Stadt wurde das Institut modern eingerichtet, erhielt gut ausgestattete Labors und eine umfangreiche Bibliothek. Die wissenschaftliche Tätigkeit von Ivan Lefkovits konnte sich ab dem ersten Tag an gut entfalten. Die Arbeitsbedingungen im Institut für Mikrobiologie waren optimal und es gab nur wenige Ablenkungen.

Wöchentlich standen die sogenannten „Current Contents" zur Verfügung, herausgegeben vom Institute of Scientific Information (ISI), das 1956 in Philadelphia/USA gegründet worden war. Das ISI unterhält Verweisindizes und erstellt daraus bibliometrische Analysen. Damit wird dokumentiert, von wem und wie oft auf eine wissenschaftliche Veröffentlichung verwiesen wird. Dadurch ermöglichte das ISI Wissenschaftlern weltweit, Informationen über Publikationen ihrer Disziplin zu erhalten. Für Forscher auch in der abgeschotteten CSSR eine Möglichkeit des Anschlusses an die wissenschaftlich fortgeschrittene westliche Welt: Sie durften jeweilige Artikelautoren überall kontaktieren und Sonderdrucke erbeten. Diese Kontakte bewährten sich bestens.

Lefkovits empfand den Unterschied zwischen Universität und Akademie als frappant. Die Akademie war für ihn eine andere Welt, eine, die er sich gewünscht hatte. An der Universität hatte er über das Enzym Katalase geforscht (Diplomarbeit) und hätte gern an diese Forschungen angeknüpft. Seine Erwartungen gingen in Erfüllung. Er lernte seinen Doktorvater Mikulas Burger kennen, der eben von einem Forschungsaufenthalt in Boston zurückgekehrt war. Das war ungewöhnlich, denn im Allgemeinen waren auch Wissenschaftlern keine Auslandsreisen in die westliche Welt gestattet. Burger gehörte zu den ersten Wissenschaftlern der CSSR, die ein Forschungsprojekt in den USA durchführen durften. Aus Boston kehrte er mit neuen Forschungsergebnissen über bakterielle Genetik zurück. ***„Ich lernte jemanden kennen, der aus Amerika kam, neue Kontakte hatte, Briefe von dort bekam, und wenn er nach einer Chemikalie oder einem Enzym schrieb, bekam er es."*** Damals dachte Lefkovits, es wäre großartig, wenn eines Tages auch er die Möglichkeit hätte, in die Welt hinauszugehen. Die Operon-Theorie war das Hauptthema der Arbeitsgruppe, mit dem Enzym beta-Galactosidase als Hauptwerkzeug. Lefkovits wurde in die Arbeitsgruppe von Mikulas Burger aufgenommen und arbeitete an der Regulation der Proteinsynthese in Bakterien. Er fühlte sich aus dem Mittelmaß der Universitätsausbildung an die Spitze der biologischen Wissenschaften emporgehoben.

Der Biochemiker Burger unterrichtete später am Weizmann Institut in Rehovot/Israel und an der Universität Bern. Zur Zeit von Lefkovits' Eintritt in die Akademie beschäftigte sich Burger eben mit dem Operon-Modell, wie es 1961 von François Jacob und Jacques Monod anhand des Darmbakteriums Escherichia coli am Pasteur-Institut in Paris entwickelt worden war. Das Laktose-Operon, kurz lac-Operon, ist eine Funktionseinheit der DNA, die in Bakterien für den Import und Abbau von Laktose eine wichtige Rolle spielt. Fügt man zu einer Bakterienkultur Laktose hinzu, so werden die Enzyme aktiviert, die die Laktose in die Zelle transportieren und dort verstoffwechseln, um daraus Energie zu gewinnen.

Doch das Modell des Operon war Ivan Lefkovits zuerst unbekannt. Er wusste nur so viel, dass lac für das Enzym beta-Galactosidase steht. Die Funktion dieses Enzyms kannte er – es war die katalytische Wirkung der Hydrolyse von beta-Galactosiden zu Monosacchariden. Und er wusste auch, dass nicht die Wirkung des Enzyms untersucht werden sollte, sondern vielmehr die molekularbiologische Regulation der Synthese des Enzyms. Den Ausdruck „Operon" hörte er zum ersten Mal. Doch dass die Dissertation die Regulation in einem bakteriellen System erforschen sollte, gefiel ihm gut. Wie er allerdings die Wissenslücken aufholen sollte, konnte er nur erahnen und auf das Beste hoffen. Er erkannte den enormen Nachholbedarf auf allen Ebenen des Wissens, hauptsächlich in der Molekularbiologie und der Molekulargenetik. Die Doktorarbeit über die Regulierung von beta-Galactosidase verschaffte Lefkovits den wichtigen Eintritt in die moderne Welt der Mikrobiologie und wurde etwas später auch ein Sprungbrett für seine weitere Karriere.

Mikulas Burger hatte gemeinsam mit Luigi Gorini an der Bostoner Harvard Medical School das arginin-operon entdeckt und beschrieben, das zweite nach dem lac-operon. Die Labors von Gorini in Boston und die von Monod und Jacob am Pariser Pasteur-Institut befanden sich in einer Forschungskonkurrenz. Methodologisch standen beide Labors auf gleichem Niveau. Doch Boston schien – paradoxerweise – näher zu sein als Paris. Mikulas Burger war der erste, der die mutierten Bakterienkolonien zu erstellen wusste, und Lefkovits war der erste, der die Methodik anwenden durfte. Damit hatte er Anschluss an die fortgeschrittensten Forschungen auf diesem Feld gefunden.

Der neue Akademiedoktorand Ivan Lefkovits fand gute Arbeitsbedingungen vor. Er lernte, Escherichia coli zu züchten, sowohl in synthetischen wie auch in biologisch angereicherten Medien. Auf den Agarplatten – Petrischalen, die das Nährmedium Agar aus Rotalgen enthalten – identifizierte er Kolonien, die sich unter gewissen Bedingungen entwickelten, während sie in anderen blockiert blieben. 1961 war bei Academic Press vom bereits erwähnten François Jacob und Élie Wollman, Mikrobiologen am Pasteur-Institut, das bahnbrechende Werk *Sexuality and the genetics of bacteria* erschienen, das als völliges Novum galt. Man erzählte sich, dass die französische Erstausgabe *La sexualité des bactéries* vom CSSR-Zoll beschlagnahmt und nie freigegeben wurde – wegen der Erwähnung von Sexualität. Das Buch von Jacob und Wollman wurde für Lefkovits und auch viele andere im Institut zu einer Art Bibel. Es eröffnete umfassendes Wissen über Gene und Gensegmente und über die Strukturen, die das Enzym beta-Galactosidase und Permease kodierten. Man konnte sogenannte Hfr-Stämme untersuchen (Hfr = high frequency recombinant), Stämme, die ein Extrastück DNA aufwiesen, welches eine rasche Übertragung von Gensegmenten in Bakterien ermöglichten, die solche Strukturen nicht besaßen. Zum ersten Mal notierte Lefkovits aus den Veröffentlichungen den Namen Luca Cavalli Sforza, den Entdecker der Hfr-Stämme, ohne zu ahnen, dass er ihn während seiner nächsten Station in Neapel persönlich kennenlernen würde.

Auch im privaten Bereich hatte sich das Leben von Ivan Lefkovits grundlegend geändert. Er heiratete 1962, gleich nach seinem Start an der Akademie, seine Studienkollegin Hana. Sie kam aus einer nicht-jüdischen Familie, was allerdings in der

Familie und im weiteren Freundes- und Bekanntenkreis nie eine Rolle spielte. Vielmehr stammte sie aus einer „fortschrittlichen", links-orientierten Familie und von Ivan erfuhr sie erstmals von den dunklen Seiten des real existierenden Sozialismus: vom Slánský-Prozess, über Gefängnisse, die Verfolgungen und Ungerechtigkeiten des Systems. Nach dem Entschluss der beiden, zu heiraten, musste Ivan sich mit einem Aspekt der zukünftigen Ehe abfinden: ***„Es ist mir klar geworden, dass dieses patriotisch gesinnte Mädchen nie bereit sein wird, ihr Land zu verlassen, zu emigrieren."*** Hana teilte seine politischen Ansichten nicht, verwarf sie aber auch nicht. Sie begann indes, ihre eigenen Ansichten zu hinterfragen. Als das Thema der Emigration dann später akut wurde, sollte sie ihre Meinung geändert haben …

Ein Jahr später kam ihr Sohn Michael zur Welt. Seine Geburt machte alle – auch die vier Grosseltern – sehr glücklich und fortan drehte sich alles um das Baby. Hana blieb sechs Monate auf Mutterschaftsurlaub – ein Monat vor, fünf nach der Geburt –, wie die gesetzlichen Vorgaben waren. Danach besuchte Michael den Kindergarten (Jesle), wo ihn Hana und Ivan hinbrachten, bevor sie zur Arbeit am anderen Ende der Stadt fuhren. Da Ivan und Hana mit dem Kindergarten nicht zufrieden waren, beschafften sie für ihn eine Tagesmutter. Der Schwiegervater hatte verkürzte Arbeitszeit und konnte Michael schon am frühen Nachmittag abholen. So entstand ein intensives Familienleben.

Hana arbeitete als wissenschaftliche Mitarbeiterin an einem Forschungsinstitut und hatte geregelte Arbeitszeiten. Ivan wurde so entlastet und konnte sich voll seiner Forschung widmen. Während Ivans Tätigkeit ortsgebunden war, unternahm Hana auch Dienstreisen an andere Forschungseinrichtungen. Ohne den Einsatz der Schwiegereltern, die sich sehr viel Zeit nahmen, wäre das Leben der jungen Familie mit Kind so nicht möglich gewesen. In ihrer Freizeit blieb für die Familie dennoch Zeit für Kultur-

Abb. 15: Ivan, Hana und Michael (1963).

veranstaltungen, im Sommer regelmässige Besuche im Strandbad an der Moldau, im Winter Skiferien im Erzgebirge.

Nun galt es, eine Wohnung zu finden, und das stellte sich nicht einfach dar. Junge Familien standen bei der Wohnungssuche vor einer schwierigen Situation. Zwar waren die Mieten sehr niedrig und beanspruchten nur einen geringen Teil des Einkommens. Doch es existierte im Sozialismus kein freier Wohnungsmarkt. Wohnungen waren im Besitz des Staates oder wurden von Genossenschaften vergeben, denen man beitreten konnte. Nur ein verschwindend kleiner Teil war Altbestand von Einfamilienhäusern in privater Hand. 1958 traf die Regierung den Beschluss zum Bau von Plattenbausiedlungen in der Stadt und den Vororten.

Wer sich darauf einließ, eine staatliche Wohnung zugeteilt zu bekommen, musste auf eine Vielzahl von bürokratischen Hürden gefasst sein. Etwa den Nachweis, dass man eine Familie gegründet hatte, oder auch, ob man eine Empfehlung von der zuständigen Einheit der Gewerkschaft vorlegen konnte. Es war schlichtweg aussichtslos, eine staatliche Wohnung zu erhalten. Also setzte Familie Lefkovits darauf, eine Genossenschafts-Wohnung zu bekommen. Das war durchaus realistisch, aber mit langen Wartezeiten verbunden.

Obwohl alle Wirtschaftsbereiche und auch die Wohnungswirtschaft staatlich organisiert und reglementiert waren, gab es sehr viel Schlendrian und möglicherweise Korruption – oder gerade deswegen? Gelegentlich wurden in Bau befindliche Wohnblöcke in Genossenschafts-Wohnungen umgewidmet. Erhielt man rechtzeitig die Information, konnte man als Wohnungssuchender in einem kurzen Zeitfenster von wenigen Wochen eine Wohnung erwerben. Der Preis dafür musste vollständig und in bar bezahlt werden. Dem klammen Staat flossen so gewaltige Finanzmittel zu, die aber in der Bürokratie versickerten.

Auf dieses Verfahren liessen sich auch Hana und Ivan Lefkovits ein. Im Dezember 1962 erhielten sie die Mitteilung, dass sie eine in Bau befindliche genossenschaftliche Wohnung erwerben könnten, wenn sie innerhalb von zwei Wochen den gesamten Kaufpreis einzahlen konnten. Bar, die ganze Summe. Hypotheken oder Bankkredite gab es nicht. Was tun? Also kratzten das junge Ehepaar, ihre Eltern und Schwiegereltern alles verfügbare Geld zusammen, um einen Kaufvertrag für eine im Bau befindliche Wohnung zu erhalten. Zugleich verpflichteten sie sich im Vertrag, unbezahlte „Brigaden" für die Gestaltung der Umgebung des Wohnblocks zu leisten. Die betrugen mehrere hundert Stunden.

Die Wohnung in einem Plattenbau im Bezirk 10, Malešice, befand sich noch im Rohbau und sollte im Sommer 1963 bereit zum Einzug sein. Die Verpflichtung zur Mitarbeit an der Gestaltung der Umgebung wurde penibel kontrolliert, doch es gab eine Erleichterung: Die Arbeit konnte auch durch Freunde und Verwandte geleistet werden. Der Vater von Hana war in Frühpension gegangen und erklärte sich bereit, tatkräftig mitzuwirken. Mit dieser Fronarbeit beutete der Staat kostenlos Arbeitskräfte aus, doch da alle dem gleichen Schicksal unterworfen waren, bildeten sich enge Beziehungen zwischen den zukünftigen Wohnungseigentümern der Nachbarschaft heraus. Die Eigentümer zogen aufgrund ihrer Eigeninitiative in die Wohnungen ein, bevor die Bauabnahme oder Kollaudation[13], tschechisch Kolaudace, erfolgt war. So taten es auch

13 In der Schweiz und in Österreich gebräuchlicher Begriff für die Abnahme von Bauwerken, nicht in Deutschland.

Abb. 16: Wohnung in Prag – Malesice (1963).

Ivan und Hana Lefkovits mit ihrem ein paar Monate alten Sohn Michael. Die Wohnung hatte noch kein Wasser, keinen Strom und kein Gas, doch nach und nach wurde alles hochgeschaltet. Als der ganze Wohnblock bereits voll bewohnt war, erfolgte erst die Kolaudace. Ein Rechtsanspruch auf die Vollständigkeit der fertiggestellten Wohnung existierte nicht. Bei der Kolaudace wurde nicht auf Kleinigkeiten geachtet, doch die Sicherheitsstandards wichtiger Funktionen wie Gas, Strom oder auch der Lift genau geprüft. Die Reklamationen wurden allmählich von den Firmen behoben oder in Eigenregie mit Hilfe der Nachbarn. Die soziale Zusammensetzung des Wohnblocks war sehr homogen, junge Ehepaare mit Kleinkindern, die in einen benachbarten Kindergarten gingen. Die Wohnung war im sechsten Stock und bestand aus zwei Zimmern (21 und 13 m^2) mit Küche (4 m^2) und Bad (2 m^2). Das junge Ehepaar war damit sehr zufrieden. Auch wenn der Lift erst im zweiten Jahr des Einzugs zu funktionieren begann.

Bis zur Währungsreform 1953 waren die Lebensmittel rationiert gewesen, doch gab es immer genügend zu essen. Die sozialistische Mangelwirtschaft herrschte auch noch zehn Jahre nach der Währungsreform, die Lieferketten waren unregelmäßig und unkontrolliert. Der Zufall regierte, man musste einfach zum richtigen Zeitpunkt am richtigen Ort sein. Die Qualität der Lebensmittel war, wie Ivan Lefkovits sagt, manchmal besser, manchmal schlechter, meistens miserabel. Man konnte sich nicht darauf verlassen, dass man Schinken, Kartoffeln, Brot, Bananen an dem Tag kaufen konnte, an dem man es beabsichtigt hatte. So kaufte man das, was eben vorhanden war. Eine bestimmte Mahlzeit zu planen, war deshalb nicht möglich: Man kochte und aß, was gerade in den Geschäften zu bekommen war. Obst und Gemüse waren nur sehr unregelmäßig zu erhalten und wenn einer aus der Familie von Eltern und Grosseltern Bananen erstehen konnte, kaufte er sie. Es empfahl sich, immer eine Síťovka, das tschechische Einkaufsnetz, bei sich zu haben. Manchmal war über Wochen hinweg kein Obst erhältlich, aber dann plötzlich – und vielleicht nur für einen Tag – gab es in großen Mengen. Die Grosseltern erschienen dann strahlend mit Bananen zuhause – doch alle andern hatten auch Bananen gekauft. In den Monaten nach dem Einzug in die neue Wohnung bereiteten die Großmütter das Essen vor; Hanas Kochkünste kamen erst später zum Zug. Auch Haushaltsgeräte wie eine elektrische Bohrmaschine oder einen Kühlschrank gab es nur ausnahmsweise zu kaufen. Alle waren knapp bei Kasse, man lieh sich ständig Geld, sei es für ein paar Tage oder ein paar Wochen.

Im Institut gab es eine starke Forschungsgruppe, die das Immunsystem untersuchte, dies unter der Leitung von Jaroslav Sterzl. Er und sein Kollege Milan Hasek machten

Prag zu einem europäisch bedeutenden frühen Zentrum der Immunologie.[14] Zu dieser Forschungseinheit suchte Lefkovits keinen Kontakt und er wusste nur vage, was dort geforscht wurde. An den Immunologie-Seminaren hatte er zwar teilgenommen, doch wenig verstanden. Wahrscheinlich war sein Nachholbedarf an Kenntnissen molekularbiologischer Prozesse zu groß, um andere Gebiete auch noch zu erfassen. Die Immunologie würde später hinzukommen.

Sein Doktorvater Burger war ein anspruchsvoller Chef, aber die Arbeit ging sehr gut voran. Nach einem Jahr fleißiger Arbeit und nicht endenden Diskussionen durfte Lefkovits seine erste Publikation schreiben und veröffentlichen. Nach zwei Jahren neigte sich die experimentelle Arbeit des Doktoranden dem Ende zu und er konnte mit dem Schreiben der Ph.D. Thesis anfangen. Während der Zusammenstellung der Doktorarbeit dachten Burger und Lefkovits über neue Projekte nach. Denn es bestand die Möglichkeit, auch nach der Einreichung der Arbeit und ihrer Verteidigung weiter am Institut zu bleiben. Das zukünftige Projekt hätte die Mutationsfrequenzen von sogenannten auxotrophen Mutanten beinhalten sollen. Doch es kam anders.

Eines Tages zeigte ihm Dr. Burger ein kleines farbiges Poster und fragte ihn: ***„Herr Kollege, möchten Sie vielleicht an der Stipendienausschreibung teilnehmen?“*** Es handelte sich um ein Unesco-Euratom-Stipendium für einen zweijährigen Aufenthalt im Internationalen Laboratorium für Genetik und Biophysik in Neapel. Lefkovits sagte ohne zu zögern: *„Ja, selbstverständlich!“* Die bis dahin durchgeführte experimentelle Arbeit war so reichhaltig, dass er genügend Material für die Dissertation hatte und sogar schon begonnen hatte, den Text zu formulieren. Die politische Tauwetterperiode im Vorfeld des Prager Frühlings ermöglichte ihm, sich an der Ausschreibung für das Stipendium zu beteiligen.

Jahre später – schon in der Emigration – erfuhr er von Burger, dass seine schnelle Bejahung der Frage ihn maßlos enttäuscht habe. Burger wollte ihn eigentlich nur auf die Probe stellen und hatte keinerlei Absicht, ihn weggehen zu lassen. Er war fest überzeugt, dass Lefkovits auf seine Frage antworten würde: ***„Ich bin so zufrieden mit meiner Position bei Ihnen, dass ich keineswegs etwas anderes in Betracht ziehen würde.“*** Es stimmte sogar, dass Lefkovits bei Burger sehr zufrieden war. Aber die Chance, den Sprung in die große weite Welt zu machen, wollte er nicht missen, berichtet Lefkovits.

Die Anfrage an ihn konnte Burger nicht rückgängig machen. So stellte Lefkovits sein gesamtes Portfolio zusammen (Lebenslauf, Publikationen, Fotokopien der Urkunden) und in das Bewerbungsformular schrieb er, dass er nur gemeinsam mit seiner Familie ausreisen würde. Die tschechischen Behörden hätten Lefkovits problemlos gehen lassen, wohlwissend, dass er seine Frau Hana und den zweijährigen Sohn Michael nicht verlassen würde. Die Behörde mit dem kafkaesken Namen „Abteilung für besondere Aufgaben“ (oddělení pro zvláštni úkoly) reichte dann schließlich seine Bewerbung ein. Ein direktes Einreichen durch Lefkovits wäre gesetzeswidrig gewesen.

An Heiligabend 1964 traf das Telegramm aus Neapel ein, dass Lefkovits die „Borsa di Studio“ – das Studienstipendium – gewonnen hatte. Doch noch hatte er keine Ausreisegenehmigung. Die erforderte einen langen Canossagang zu Ministerien, Ge-

14 Arthur M. Silverstein, Jaroslav Sterzl – An Affectionate Tribute. Folia Microbiol. 40, S. 357–359 (1995).

werkschaften und Bürgerkomitees, die um Stellungnahme gebeten werden mussten. Dies erledigte Burger für ihn. Nach weiterem Hin und Her und der Verbürgung des Institutsdirektors Ivan Malek, dass die Familie in die CSSR zurückkehren würde, durfte die komplette Familie ausreisen. Am 5. Februar 1965 reiste Ivan aus, zwei Monate später folgte Hana mit Michael. Es war das große Los.

Aus der Tätigkeit an der Akademie entstanden zwei Veröffentlichungen, die eigentliche Doktorarbeit und eine Publikation in Folia Microbiologica:

I. Lefkovits und M. Burger: Latent beta-galactosidase in Escherichia coli. Fol. Microbiol. 10, 93–103, 1965.
I. Lefkovits: Latent beta-galactosidase and regulation of catabolite repression. Doctoral Dissertation, Czechoslovak Academy of Sciences, Prague, 1967.

Die Doktorarbeit wurde mit der Auflage eingereicht, dass ihre Verteidigung nach der Rückkehr aus Neapel erfolgen sollte. Die von Burger anvisierten Projekte der auxotrophen Mutanten stellten Burger und Lefkovits zurück.

Endlich im Westen: Neapel 1965 bis 1967

Italien war bis in die frühen sechziger Jahre in der Molekularbiologie rückständig, weil führende Forscher dieser Disziplin vor dem Faschismus ins Exil geflüchtet waren und erst nach und nach ins Land zurückkehrten. Einer dieser Wissenschaftler war der Genetiker und Ausnahmewissenschaftler Adriano Buzzati-Traverso, der 1962 in Neapel das Laboratorio Internazionale di Genetica e Biofisica (LIGB) gründete und bis 1969 leitete.[15] Die wissenschaftlichen Ursprünge des Instituts gehen auch auf die biophysikalische Forschung an der Universität Pavia und das Istituto Superiore di Sanitá (Nationales Gesundheitsinstitut) in Rom zurück.

Buzzati hatte in Pavia mit dem führenden Populationsgenetiker Luigi Luca Cavalli-Sforza zusammengearbeitet, der sich mit der genetischen Abstammung der Menschen und der Verwandtschaft verschiedener Völker beschäftigte. Seine Forschungen machten ihn zum einflussreichen Gegner einer rassistischen Weltanschauung. Ebenfalls bekannt war Buzzati mit Salvadore Edward Luria, einem jüdisch-italienischen Mikrobiologen, der 1940 aus Europa in die USA geflüchtet war und für seine Arbeiten zur genetischen Struktur von Viren den Nobelpreis erhielt (gemeinsam mit Max Delbrück und Alfred Day Hershey). John Cairns, britischer Mediziner, Virologe und Molekularbiologe sowie James Watson, Entdecker der DNA-Struktur der Doppelhelix, gehörten auch zu seinem Wissenschaftler-Netzwerk. Cairns wie auch Watson waren Direktoren des Cold Spring Harbor Laboratory (CSHL) in New York, einem weltweit führenden Forschungszentrum für Krebsforschung, Neurobiologie, Pflanzengenetik, Genomik und Bioinformatik.[16] Im CSHL hatte James Watson 1953 erstmals in einem öffentlichen Vortrag die DNA-Doppelhelix vorgestellt. Diese Wissenschaftler hatten schon Kenntnis von der Gründung des LIGB-Instituts und waren gerne zu Gast in Neapel. Und auch mit Niels Kaj Jerne, dem dänischen Mediziner und Immunologen und späteren Nobelpreisträger, war Buzzati über die European Molecular Biology Organization (EMBO) gut bekannt.

Die eigentliche Gründung des Instituts verdankte sich außer Buzzati-Traverso dem italienischen National Research Council (CNR), Euratom und dem Committee for Nuclear Energy (NEA). Für kurze Zeit wurde das LIGB zum Brennpunkt molekularbiologischer Forschung in Europa. Italienische und europäische Forscher untersuchten dort die biologischen Effekte nuklearer Strahlung. Das LIGB sollte sogar zum Europäischen Laboratorium für Molekularbiologie aufrücken; Buzzati-Traverso plante auch eine Zusammenarbeit mit der University of California in Berkeley. Das Ende seiner

15 Zur Geschichte des Instituts: Mauro Capocci/Gilberto Corbellini, Adriano Buzzati-Traverso and the foundation of the International Laboratory of Genetics and Biophysics in Naples (1962 – 1969), in: Studies in History and Philosophy of Science Part C: Studies in History and Philosophy of Biological and Biomedical Sciences, Volume 33, Issue 3, September 2002, S. 489 – 513.

16 Zum Cold Spring Harbor Laboratory: Elizabeth L. Watson, Houses for Science. A pictorial history of the Cold Spring Harbor Laboratory, New York 1991 und Ernst Peter Fischer, Am Anfang war die Doppelhelix. James D. Watson und die neue Wissenschaft vom Leben, München 2003, S. 190 – 238.

Abb. 17: LIGB Napoli-Fuorigrotta (1965).

hochfliegenden Pläne war unspektakulär: Im politisch aufgeheizten Klima um 1968 besetzten Studenten, Techniker und wissenschaftliche Mitarbeiter das Institut. Der Gründungsdirektor und viele Wissenschaftler verließen das Institut, das heute – nach einer Erneuerung – *Institute of Genetics and Biophysics* heißt.

Ivan Lefkovits kam in Neapel also in ein führendes wissenschaftliches Umfeld mit modernsten Forschungsmethoden und Spitzenwissenschaftlern. Man gliederte ihn in die Forschungsgruppe von Mario Di Girolamo ein, die sich mit der Regulierung der Biosynthese von Ribosomen beschäftigte. Für Lefkovits war dies Neuland auf experimenteller Ebene, doch auf theoretischer Ebene hatte er sich in Prag bereits die wesentlichen Kenntnisse angeeignet. Ribosomen sind Teile der Zellen, die für die Herstellung von Proteinen zuständig sind, die sogenannte Proteinbiosynthese.[17] Sie sind notwendig für die Translation (Übersetzung in Eiweiß) während der Proteinbiosynthese. Ribosomen bestehen aus zwei unterschiedlich großen Subeinheiten (50S und 30S). Die Aufgabe der kleineren Einheit (30S) ist es, die mRNA in die Ablesegruft einzufädeln und als „Triplet Code-Transfer" an die tRNA (Transfer-RNA) abzulesen. Aminosäuren, d. h. die Eiweissbausteine, werden in der größeren Einheit (50S) codeabhängig zu fertigen Polypeptidketten aneinandergereiht. Die neu gebildeten Proteine spiegeln den genetischen Code der mRNA vollständig wider. Insbesondere durch die

17 Die Größe der Ribosomen in Prokaryoten (30S + 50S = 70S) ist geringfügig eine andere als in Eukaryoten (40S + 60S = 80S). Die Bezeichnungen „S" beziehen sich auf die sogenannte Sedimentationskonstante „S", die nach dem schwedischen Wissenschaftler Theodor Svedberg (1884 – 1971) genannt wird.

Arbeiten des japanischen Molekularbiologen Masayasu Nomura und des Schweizer Immunologen Theophil Staehelin war Lefkovits mit Struktur und Funktionsweise der Ribosomen vertraut.

Das Projekt, das ihm angetragen wurde, war genial einfach: Er sollte Ribosomen aus E. coli Bakterien gewinnen, unter verschiedenen Bedingungen zerlegen und wieder zusammensetzen. Die einzelnen Schritte dazu waren methodologisch in Di Girolamos Labor reine Routine, während Lefkovits sie erst lernen musste. Im Labor standen modernste Instrumente und Apparate zur Verfügung. Die Arbeit mit der Ultrazentrifuge und die elektrophoretische Trennung geladener Teilchen waren für ihn Neuland, doch es gelang ihm sehr gut. So züchtete er E. coli Bakterien, die zellulären Pellets wurden durch die sogenannte Stickstoff-Kavitation zerstört und dann weiter in der Ultrazentrifuge verarbeitet. Die Beckman-Spinco-Ultrazentrifuge war für ihn ein Begriff; damit zu arbeiten fühlte sich an wie in einem Rolls-Royce zu fahren. Übrigens kostete sie auch ungefähr so viel.

Doch dieser Teil der Arbeit war nur eine Art Grundkurs. Die eigentliche Forschung galt einer speziellen „Abart" von Ribosomen, den so genannten Chloramphenicol-Partikeln. Man arbeitete mit den zwei Untereinheiten von 50S und 30S-Ribosomen und mit elektrophoretisch getrennten Proteinen. Es nahm volle zwei Jahre in Anspruch, bis die Aufgabe von Lefkovits zu Ende geführt werden konnte. Obwohl sie erfolgreich gelöst wurde, gelang nur das Zusammensetzen der kleineren Untereinheiten. Bis heute wird an Ribosomen weiter geforscht.
Aus seiner Tätigkeit resultierten zwei Veröffentlichungen:

I. Lefkovits und M. di Girolamo: Properties of ribonucleoprotein particles in chloramphenicol-treated cells of Escherichia coli B. Bioch. Bioph. Acta 174, 561–565, 1969.0

I. Lefkovits und M. di Girolamo: Reutilization of ribosomal proteins in vivo for the formation of new ribosomal particles in Escherichia coli B. Bioch. Bioph. Acta 174, 566–573, 1969.

Proteine in intakten Zellen radioaktiv zu markieren war damals in jedem besseren Labor schon möglich. Man bewerkstelligte dies mit radioaktivem Methionin oder einem radioaktiven Aminosäuren-Mix und verfolgte die markierten Komponenten dann nach einer Trennung weiter. Di Girolamos Labor war hingegen schon einen Schritt weiter. Es war eines der ersten Labors in Europa, in dem eine zellfreie Proteinsynthese, also die „in vitro" Herstellung von Proteinen ohne lebende Zellen, durchgeführt wurde. Eine aufwändige und hochinteressante Arbeit: Es mussten alle Komponenten, die sonst die Zelle sich selbst zur Verfügung stellt, künstlich nachgeahmt werden. Dies geschah mit Mikropipetten, mit denen man die richtigen Komponenten im Reagenzglas zuführte. Ob das Zusammensetzen der Ribosomen aus den einzelnen Proteinen erfolgreich war, konnte man mit der Methodik der zellfreien Proteinsynthese verfolgen. Der radioaktive Output war Indikator der erfolgreichen Funktion des zusammengesetzten Ribosoms.

Als Stipendiat wurde Lefkovits wie die andern auch intensiv betreut. Das Angebot an Weiterbildungskursen war umfangreich: Kurse in Genetik, in der Biologie der Bakteriophagen, der Biologie der Seeigel, Genetik der Prokaryoten und Eukaryoten und selbstverständlich auch Kurse in Italienisch. Obwohl die Kurse eigentlich für die Stipendiaten bestimmt waren, nahmen auch andere daran teil. Wissenschaftler sind immer wissbegierig. Im Rückblick meint Lefkovits: ***„Ich habe dort eine Menge gelernt. Es war für mich ein gutes Sprungbrett für eine Arbeit im Westen. Ich wollte ausbrechen, ich sah, dass ich in der (westlichen) Welt viel mehr Möglichkeiten haben würde."***

Die internationale Vernetzung des Neapolitaner Instituts ermöglichte, herausragende Wissenschaftler zu Vorträgen und Symposien einzuladen. Jede Woche wurden neue Seminare angekündigt und die Referenten waren von höchstem Rang, nicht selten Nobelpreisträger. Sol Spiegelman, US-Mikrobiologe, hatte entdeckt, dass nur einer der beiden DNA-Stränge die genetische Information codiert, die in RNA umgeschrieben wird. 1962 entwickelte er eine Technik zur Isolierung von RNA-und DNA-Molekülen, die Hybridisierung. Der ursprünglich deutsche, ab 1945 US-amerikanische Genetiker und Biophysiker Max Delbrück hatte gemeinsam mit dem bereits erwähnten Salvadore Luria das Luria-Delbrück-Experiment über den Vermehrungsprozess von Bakteriophagen entwickelt und schuf die Grundlagen der Disziplinen Genetik und Molekularbiologie. Der dänische Mediziner und Immunologe Niels Kaj Jerne war zu diesem Zeitpunkt Leiter der mikrobiologischen Abteilung der Universität Pittsburgh und ab 1966 Direktor des Paul-Ehrlich-Instituts in Frankfurt/Main. Er sollte wesentlichen Einfluss auf Lefkovits weiteren wissenschaftlichen Werdegang nehmen. Erwin Chargaff, österreichisch-amerikanischer Biochemiker, entdeckte, dass in der DNA die Basen Adenin und Thymin sowie Cytosin und Guanin immer im gleichen Verhältnis vorkommen. Er schloss daraus die Regel, dass diese Basen stets paarweise auftreten. Jean Brachet, ein belgischer Biochemiker, zeigte auf, dass DNA in Chromosomen im Zellkern vorkommt, RNA hingegen im Zytoplasma der Zellen. Für Lefkovits bildeten die Veranstaltungen mit diesen wissenschaftlichen Persönlichkeiten die Chance, sich weiterzubilden und Kontakte für seine weitere Karriere zu knüpfen.

Buzzati-Traverso war es, der für Lefkovits eine Einladung zu dem Symposium „The Genetic Code" 1966 in Cold Spring Harbor erwirkte.[18] Das war nicht nur eine Einladung zu einem der wichtigsten Forschungsorte von Lefkovits' wissenschaftlichen Disziplinen, sondern ein hochaktuelles Thema mit den führenden Wissenschaftlern. Francis Crick selbst hielt die Einführung dort. John Cairns, der Direktor, kümmerte sich intensiv um den Gast Lefkovits. Und der Gast fühlte sich wegen der prominenten Behandlung nicht ganz wohl. Umso mehr, als er eine Einladung zu einem Dinner im Haus von David Lindsay, Bruder des New Yorker Bürgermeisters John Lindsay, erhielt. David und John fielen durch ihren den ganzen Abend währenden Streit über Politik auf. Mit eingeladen waren Leslie Orgel, ein britischer Chemiker, und James Watson, der Nobelpreisträger. Orgel war ein Vertreter der sogenannten Panspermietheorie, wonach die frühesten Lebensformen durch einen Meteoriten auf die Erde gelangt seien. Jim Watson blieb seinem Ruf als enfant terrible treu, diesmal nicht durch seine politischen Äusserungen[19], sondern durch nicht vorhandene Tischmanieren, die ihn den ganzen Tisch bekleckern und die Sosse aus den Mundwinkeln triefen liessen. Insgesamt also

18 Cold Spring Harbor Symposium of Quantitative Biology 31, The Genetic Code, N.Y. 1967.

19 Kritisch zu Watsons politischen Äusserungen: Wulf D. Hund: Ein Traum der Vernunft – Das weiße Eutopia des James Watson, in: Blätter für deutsche und internationale Politik, 11/2008, S. 73 – 80.

ein unterhaltsamer Abend mit ausgeprägten Persönlichkeiten. Ivan Lefkovits versuchte sich zu retten, indem er etwas über Neapel erzählte; Prag interessierte indes niemanden.

Auf die Tätigkeit von Lefkovits wurde auch der bereits erwähnte Masayasu Nomura aufmerksam, der an der Universität Madison in Wisconsin forschte und unterrichtete. Er empfahl Lefkovits, sich bei ihm zu bewerben. Nomura wusste nicht, dass Lefkovits in seinen Entscheidungen für die berufliche Zukunft nicht frei war, da der Direktor des Prager Instituts sich ja für seine Rückkehr verbürgt hatte. Lefkovits bewarb sich trotzdem bei Nomura und wurde genommen. Das Antrittsdatum für die Stelle liessen die beiden offen.

Das Leben in der südländischen Metropole gefiel Ivan und Hana. Abends hatte man unzählige Restaurants zur Auswahl, man konnte flanieren und das pulsierende Leben der Grossstadt geniessen. An den Wochenenden schöne Meeresstrände an der Amalfiküste aufsuchen oder einen kleinen Ausflug machen, nach Capri oder Pompeji.

Abb. 18 und 19: Am Strand Lido Varca-D'oro mit Michael (1965).

Das Klima war angenehm fast das ganze Jahr über. Die Ferien boten unbegrenzte Reisemöglichkeiten in der westlichen Hemisphäre, für die beiden völlig ungewohnt. Sie genossen das einfach alles. Auch mit den Nachbarn verstanden sie sich; sie gewannen neue Kollegen und Freunde. Hana fand eine Anstellung bei Pablo Amati (LIGB), um Bakteriophagen zu reinigen. Sohn Michael fand einen Platz in der Kinderkrippe im Istituto San Angelo. Selbst das Verkehrschaos der Stadt störte Ivan nicht. Er kannte von früher so etwas ja nicht. Während sich die Kollegen ständig darüber beschwerten, setzte er sich in der freien Zeit manches Mal in seinen kleinen Volkswagen und drehte eine Runde in den chronisch verstopften Strassen mit Staus und Gehupe. Für ihn war es nicht Dauerzustand, sondern nur eine Episode.

Eine besondere Faszination übte auf Lefkovits (auf Ivan, weniger auf seine Frau Hana) der Schwarzmarkt Duchesca aus. In den sogenannten besseren Kreisen warnte man sich gegenseitig, wie gefährlich und betrügerisch dieser Markt sei. Der Markt im Schatten der alten aragonesischen Stadtmauer war ein sehr malerischer Anblick, und wer wenig Geld bei sich hatte, konnte nicht über den Tisch gezogen werden. Man konnte den Preis aushandeln, auch mit minimalen Italienischkenntnissen. Hier kaufte Lefkovits seine erste gefälschte Rolex-Uhr – für 3000 Lire. Das war überhaupt nicht gefährlich und die Uhr war wie echt.

Die Wohnung für die Familie Lefkovits wählte Adele di Girolamo aus, die Ehefrau seines Vorgesetzten. Es war eine moderne Dreizimmer-Wohnung mit Marmorböden, hellen Räumen mit Balkonen entlang der beiden grösseren Zimmer, einer grossen Küche und einem Badezimmer mit Fenster zum Hof. Von einer solchen Wohnung konnten sie in Prag nur träumen. Die Einrichtung war am Anfang spartanisch: ein Doppelbett, ein Kinderbett, ein Tisch und zwei Stühle. Das restliche Mobiliar liehen ihnen Freunde. Einzig eine Waschmaschine mussten sie kaufen – vom ersten Gehalt. Das Gehalt war eigentlich ein Stipendium, das gerade so zum Leben reichte, doch als Hana Lefkovits eine Anstellung fand, konnten die beiden sogar eine gewisse Summe beiseitelegen.

In den zwei Jahren, die sie in Neapel verbrachten, genossen Ivan und Hana die neue Freiheit zu reisen, wohin sie auch wollten. Gemeinsam mit Sohn Michael besuchten sie viele Länder Europas: Frankreich, Belgien und die Niederlande, Luxemburg, die Schweiz, Österreich und auch Deutschland. Ihre privaten Reisen waren Bildungsreisen, die sie nach Paris, Brüssel, Luxemburg, Amsterdam, Frankfurt, Luzern und andere Städte führten. Sie besuchten den Louvre, das Magritte-Museum und das Atomium, das van Gogh-Museum, das Städel-Museum und weitere Museen und Ausstellungen. Sie übernachteten bescheiden in kleinen Pensionen oder Campingeinrichtungen, für mehr hätte ihr bescheidenes Budget ebenso wenig gereicht wie für feine Gastronomie. Sie gaben ihr Geld lieber für die Eintritte in die Museen aus, zumal sie beide einen Ausweis der Internationalen Studenten-Assoziation besassen, der den Eintritt reduzierte oder erliess. Ihre Wissbegier leitete sie an, in der verbleibenden Zeit möglichst vieles zu sehen, bevor sie hinter den Eisernen Vorhang zurückkehren mussten.

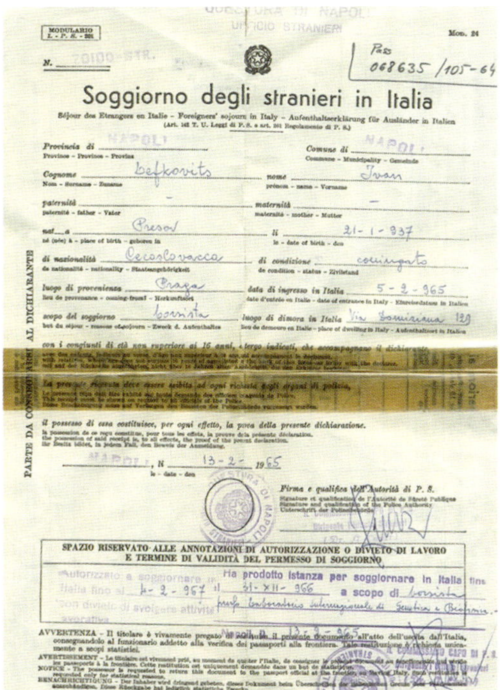
QUESTURA DI NAPOLI
UFFICIO STRANIERI

MODULARIO L.-P. S. - 261

Mod. 24

N. 70100 STR.

Pass 068635 /105-64

Soggiorno degli stranieri in Italia

Séjour des Etrangers en Italie – Foreigners' sojourn in Italy – Aufenthaltserklärung für Ausländer in Italien
(Art. 142 T. U. Leggi di P. S. e art. 261 Regolamento di P. S.)

Provincia di NAPOLI
Province – Province – Provinz

Comune di NAPOLI
Commune – Municipality – Gemeinde

Cognome Lefkovits
Nom – Surname – Zuname

nome Ivan
prénom – name – Vorname

paternità –
paternité – father – Vater

maternità –
maternité – mother – Mutter

nat_ a Presov
né (née) à – place of birth – geboren in

il 21-1-937
le – date of birth – den

di nazionalità Cecoslovacca
de nationalité – nationality – Staatsangehörigkeit

di condizione coniugato
de condition – status – Zivilstand

luogo di provenienza Praga
lieu de provenance – coming from – Herkunftsort

data di ingresso in Italia 5-2-965
date d'entrée en Italie – date of entrance in Italy – Einreisedatum in Italien

scopo del soggiorno borsista
but du séjour – reason of sojourn – Zweck d. Aufenthaltes

luogo di dimora in Italia Via Domiziana 129
lieu de demeure en Italie – place of dwelling in Italy – Aufenthaltsort in Italien

con i congiunti di età non superiore ai 16 anni, a tergo indicati, che accompagnano il dichiarante

La presente ricevuta deve essere esibita ad ogni richiesta degli organi di polizia.

il possesso di essa costituisce, per ogni effetto, la prova della presente dichiarazione.
la possession de ce reçu constitue, pour tous les effets, la preuve de la présente déclaration.
the possession of said receipt is, to all effects, the proof of the present declaration.
Ihr Besitz bildet, in jedem Fall, den Beweis der Anmeldung.

NAPOLI, li 13-2-1965
le – date – den

Firma e qualifica dell'Autorità di P. S.
Signature et qualification de l'Autorité de Sûreté Publique
Signature and qualification of the Police Authority
Unterschrift der Polizeibehörde

PARTE DA CONSEGNARSI AL DICHIARANTE

SPAZIO RISERVATO ALLE ANNOTAZIONI DI AUTORIZZAZIONE O DIVIETO DI LAVORO E TERMINE DI VALIDITÀ DEL PERMESSO DI SOGGIORNO

Autorizzato a soggiornare in Italia fino al 4-2-967
Ha prodotto istanza per soggiornare in Italia fino al 31-XII-966 a scopo di borsista presso Laboratorio Internazionale di Genetica e Biofisica
con divieto di svolgere attività lavorativa

Napoli, li 13-2-965

AVVERTENZA – Il titolare è vivamente pregato di restituire il presente documento all'atto dell'uscita dall'Italia, consegnandolo al funzionario addetto alla verifica dei passaporti alla frontiera. Tale restituzione è richiesta unicamente a scopi statistici.
AVERTISSEMENT – Le titulaire est vivement prié, au moment de quitter l'Italie, de consigner le présent document au fonctionnaire qui vérifie les passeports à la frontière. Cette restitution est uniquement demandée dans un but de statistique.
NOTICE – The possessor is requested to return this document to the passport official at the frontier, on leaving Italy. Such restitution is requested only for statistical reasons.
BENACHRICHTIGUNG – Der Inhaber wird dringend gebeten, dieses Dokument beim Überschreiten der italienischen Grenze dem Passbeamten auszuhändigen. Diese Rückgabe hat lediglich statistische Zwecke.

IL COMMISSARIO CAPO DI P. S.

QUESTURA DI NAPOLI

Abb. 19 Permesso di soggiorno. Aufenthaltsbewilligung in Neapel 1965.

Mit den Reisen war eine kleine bürokratische Unannehmlichkeit verbunden, erzählt Lefkovits, und zwar musste man sich eine so genannte „Permesso di re-ingresso“ aus der Questura di Napoli beschaffen. Dieses Dokument war notwendig, weil bei dem Antritt des Studienaufenthaltes im Februar 1965 ein

Einreisevisum für zwei Jahre gewährt wurde, dies aber nur für eine einmalige Enreise. Beim Verlassen von Italien erlosch das Visum, außer wenn man vorher ein Gesuch für die Wiedereinreise (Re-ingresso) stellte. Wenn man ohne Auslandsreisen in Italien zwei Jahre lang blieb, brauchte man nichts zu unternehmen, doch falls man zu einer Konferenz oder in den Urlaub (nach Hause in die Tschechoslowakei) fahren wollte, musste man sich zur Questura bemühen und die erwähnte „Permesso di re-ingresso" beantragen. Ein solcher Antrag konnte in einer Stunde erledigt sein, wenn man Glück hatte, aber es konnte einen ganzen Tag in Anspruch nehmen, wenn die Carabinieri beschlossen hatten, langsam zu arbeiten.

Zu Anfangszeiten in Neapel war eine „ordentliche" Rückkehr nach Ablauf des Studienaufenthaltes in die Tschechoslowakei vorgesehen. Neapel war ein Glücksfall, und die Aussichten, die westliche Welt nochmals – nach der Rückkehr in die CSSR – zu besuchen, waren minimal. Während der zwei Jahre haben die Lefkovits' mehrmals ihre Heimat besucht. Jede Reise ergab eine Konfrontation zwischen den zwei Welten – Ost und West. Es war Hana, die sich nach gewisser Zeit von der Heimat innerlich löste. Für Ivan war es eine Erleichterung, als seine Frau die Emigration erwog. Lefkovits reagierte umgehend und schrieb Masayasu Nomura an und vereinbarte einen Vertrag (mit offenem Anfang).

Die Kontakte zu den Kollegen der LIGB waren sehr freundschaftlich. Man wurde in die Familien eingeladen, ging gemeinsam baden und auswärts essen. Politisch war es etwas schwieriger, die junge Generation war eher links orientiert und sie erwartete von Lefkovits mehr Enthusiasmus für die sozialistische Sache. Zwei Kollegen, Guido Di Prisco und Anna Rufilli, waren eifrige Kommunisten der PCI (Partito Communista Italiano). Mit den Beiden stand Lefkovits in freundlicher Kollegialität – bis es zu einem Konflikt kam. Anna hielt sich zur Zeit des Sechstagekrieges (Juni 1967) in Israel auf. Sie kehrte zurück, begeistert von den Israelis und voll des Lobes darüber, wie sie es geschafft hatten, sich gegen die arabischen Staaten zu wehren. Stunden, nachdem sie die Geschichte erzählt hatte, nahm Guido sie mit auf einen Spaziergang. Anna Rufilli kam zurück und nahm die Position ein, welche die Parteilinie verlangte. Kurz darauf konfrontierte Guido Di Prisco Lefkovits mit der Frage: ***„Auf welcher Seite stehst Du eigentlich – auf der israelischen oder auf der arabischen?"***. Natürlich sagte Lefkovits, dass er auf der Seite Israels stehe. Und Di Prisco ging weiter: ***„Du weißt, dass die Tschechoslowakei gerade erklärt hat, dass es sich um eine israelische Aggression handelt"***. Als Lefkovits wiederholte, dass er auf der Seite Israels stehe, bekam er eine wütende Antwort: ***„Wenn dem so ist, dann bist du ein Faschist!"***.

Die Verbundenheit von Lefkovits zu Israel war historisch bedingt. Als säkularer Jude stand ihm Israel nicht besonders nahe, doch er meinte, dass nach Hitler und dem Holocaust Israel eine nicht wegzudenkende Notwendigkeit geworden sei. Die Zuneigung von Ivan und Hana zu Israel hat sich nach einem Besuch im Weizmann Institut in Rehovot 1966 noch verstärkt. Erst dort hat er erfahren, dass die Piloten, die bei der Gründung Israels gekämpft haben, in der Tschechoslowakei ausgebildet worden waren (1946–48).

Die Vorbereitungen für die Rückkehr nach Prag waren mehr eine Pflicht als eine Freude. Und so traten Ivan und Hana – mit dem Sohn Michael – im Spätsommer 1967 den Weg zurück in die Tschechoslowakei an.

Intermezzo in Prag

Ivan hatte sich seit Jahren mit dem Gedanken der Emigration beschäftigt und darauf vorbereitet. Doch zuerst wollte Hana diesen Schritt nicht mitgehen, zu stark war die Bindung an ihr Heimatland. Studienaufenthalt in Neapel und westliche Länder bereisen: ja, aber dann wieder zurück ins eigene Land. Doch während des Aufenthalts in Italien begann sich Hanas Einstellung zu ändern. Der Vergleich des freien sonnigen Neapel mit der Tschechoslowakei und Prag, der grauen und tristen Stadt, mit griesgrämigen Menschen und beschränkten Freiheiten bewirkten bei ihr, dass sie aus eigenem Antrieb die Emigration vorschlug. Doch die Lefkovits mussten ihr Vorhaben aufteilen. Schwer genug, wieder in die alten Abläufe in Prag hineinzufinden. Nach der Rückkehr galt es, die Stelle an der Akademie anzutreten und ein Seminar zu geben, wie es das Dissertationsverfahren vorschrieb.

Ivan Malek hatte garantiert, dass Lefkovits aus dem Auslandaufenthalt zurückkehren würde. Und es war für Lefkovits eine Frage der Ehre, ihn nicht zu verraten. Also griff er zu einem ungewöhnlichen Mittel. Er tat zuerst das Allerwichtigste, er begann nach zweieinhalb Jahren Abwesenheit, ganz normal in der Akademie zu arbeiten. Dann wartete er einen Monat auf sein Gehalt in Tschechien. Damals gab es lange Lohnstreifen, die am Ende unterschrieben werden mussten. Die Unterschrift war der eindeutige Beweis dafür, dass er von seiner «Geschäftsreise» zurückgekehrt war. Die Zeit drängte. Er wurde aufgefordert, seinen Dienstpass abzugeben, was er nicht tat. Knapp sechs Wochen nach seiner Rückkehr aus Neapel machten sie sich auf den Weg. Ohne Abschied, ohne Aufregung. Am 27. Oktober 1967 reiste die Familie legal aus, da die tschechoslowakische Ausreisegenehmigung noch nicht abgelaufen war. Hana und Michael nahmen das Flugzeug, Ivan fuhr mit dem Auto über die Grenze Rozvadov. Die Freiheit.

Telegramm Deutsche Bundespost
Verzögerungsvermerke
Am Fernsprecher nicht erreichbar.
aus ==2106 GLL552 ROMA 56/407 21/20 27 1610 =
Datum 27 X 67 Uhrzeit 18 04
IVAN LEFKOVITS HOTEL HABERSTOCK
TF557855 SCHILLERSTR 47/48 (
BEIM HAUPTBAHNHOF) MUNCHEN =
Empfangen Platz RA Namenszeichen 111
TSt München
Empfangen von
649108 ROMA I
Durch Boten!
0155
Datum Uhrzeit
Gesendet Platz Namenszeichen
Leitvermerk
HOTEL CAVOUR ROMA VIA CAVOUR 47 TEL 476896 = HANA +
Empf abwesend 1807 Wgr
CL TF557855 47/48 47 476896 +
Dienstliche Rückfragen

Abb. 20: Flucht gelungen (Telegramm aus Hotel Cavour Rom) 27. Oktober 1967.

Zwischenstation in Frankfurt 1967 bis 1969

Das Ziel in Deutschland vor der Weiterreise nach Amerika war Frankfurt am Main. Hier lebten alte Freunde der Lefkovits aus Prag, die emigrierten Ärzte Eva und Kamil Babej sowie Anna Taub, von denen Hilfe und Unterstützung zu erwarten war. Eva und Kamil waren nach einem Aufenthalt in Tunesien nicht nach Prag zurückgekehrt, sondern ließen sich in Frankfurt und später in Bad Homburg nieder. Sie waren freundlicherweise die ideale Anlaufstelle für „Neuankömmlinge“ aus der Tschechoslowakei. Diese erstaunliche tunesische „Geschichte“ ging so: Die sozialistische Tschechoslowakei brauchte Devisen und vermietete junge tschechische Ärzte in Länder der Dritten Welt, irgendwie zum Vorteil aller Beteiligten. Für einige Ärzte ergab sich dadurch eine „Absprungmöglichkeit“ in den Westen.

Außerdem befand sich das amerikanische Konsulat in der Stadt, wo man die Green Card für die Vereinigten Staaten beantragen konnte. Frankfurt war also nur als Durchgangsstation für die Weiterreise nach Madison, Wisconsin gedacht, wo die Arbeitsstelle bei Nomura schon wartete. Die Formalitäten sollten einige Monate bis Frühjahr1968 in Anspruch nehmen und solange wollte man sich in der Wirtschaftsmetropole am Main aufhalten. Wie das Provisorium aussehen würde, spielte daher keine Rolle. Eine Wohnung konnten die Lefkovits' im südlichen Stadtteil Sachsenhausen anmieten. Sie liessen sich bei der Polizei als Flüchtlinge registrieren.

Der Stadtteil Sachsenhausen war nicht so stark zerstört worden wie die Innen- und die Altstadt der Grossstadt am Main. In diesem Stadtteil setzte nach dem Krieg ein touristischer Boom mit Apfelwein-Kneipen und -Folklore ein, der zuerst von amerikanischen Besatzungssoldaten getragen wurde, die diese schunkelnde Form deutscher „Gemütlichkeit“ schätzten. Hana und Ivan hingegen vermissten den italienischen Kaffee. Einzig in einer Nebenstrasse der Einkaufsmeile Zeil fanden sie ein Café mit einem guten Espresso.

Der rasche Wiederaufbau der Stadt mit funktionaler Architektur und ersten Hochhäusern liess Frankfurt zur deutschen Finanz- und Wirtschaftskapitale mit amerikanischem Aussehen werden. Autobahn, Flughafen und autogerechter Ausbau der Stadt machten die Metropole zum zentralen Verkehrsmittelpunkt mit einer hektischen Atmosphäre, was den Lefkovits nicht unbedingt behagte. Ihre tschechische Emigranten-Community sorgte für etwas Wohlbefinden im Getriebe der Grossstadt.

Trotz des nur für kurze Zeit geplanten Aufenthalts in Deutschland bemühte sich Ivan Lefkovits um eine Arbeitsstelle bei der Max-Planck-Gesellschaft in Tübingen. Was Lefkovits nicht wissen konnte, war, dass zum Zeitpunkt der Bewerbung das Tübinger MPI gerade eine formelle Zusammenarbeit mit der Tschechoslowakischen Akademie der Wissenschaften beschlossen hatte – und da hätte die Anstellung eines Emigranten aus der CSSR nicht gut gepasst. So erhielt er eine Absage.

Lefkovits beschloss, sich im Paul-Ehrlich-Institut zu bewerben. Am Eingang des Instituts bemerkte er ein Banner „EMBO-Kurs für Immunologie“. Das flösste ihm etwas Zuversicht ein, da die European Molecular Biology Organization EMBO ein

Abb. 21: Paul-Ehrlich Institut (Georg Speyer Haus) Frankfurt.

wichtiger Bezugspunkt zum LIGB in Neapel war. Doch die Idee, sich jetzt provisorisch, d. h. bis zur Weiterfahrt nach Amerika mit Immunologie zu beschäftigen, reizte ihn nicht besonders. Aber für eine Übergangsphase bis zu seiner Stellenaufnahme in Madison wäre auch das in Ordnung gewesen.

Das Paul-Ehrlich-Institut[20] war nach dem Bakteriologen und Serologen Paul Ehrlich (1854–1915) benannt, der 1908 den Nobelpreis für seine Forschungen zur Immunologie erhalten hatte und ein Jahr später das erste Antibiotikum Arsphenamin gegen Syphilis entdeckte. Das ursprünglich in Berlin-Steglitz beheimatete Institut war 1899 nach Frankfurt verlegt worden. Seine Aufgabe bestand in der Arzneimittelkontrolle auf Qualität, Wirksamkeit und Unbedenklichkeit. Neben dieser Kontrolltätigkeit hatte das Institut auch Grundlagenforschung ausgeübt. Doch internationales Ansehen und internationale Kontakte waren durch die Zeit des Nationalsozialismus verlorengegangen, weil Spitzenwissenschaftler entweder ins KZ eingesperrt und ermordet worden oder ins Ausland geflüchtet waren.

Frankfurt, Berlin und Marburg waren Orte, in denen Paul Ehrlich, Robert Koch[21] und Emil von Behring[22] tätig gewesen waren, doch Paul Ehrlich genoss eine Aura der Exklusivität. Der neue Direktor des PEI seit 1966, der schon erwähnte dänische Immunologe Niels Kaj Jerne, sollte durch seine internationale Reputation dem Institut diesen Glanz des weltweit bedeutenden Forschungsinstituts wiederverleihen. Glaubt man dem Jerne-Biografen Thomas Söderqvist, wurde Jerne geradezu euphorisch emp-

20 Zum Paul-Ehrlich-Institut PEI: Reinhard Kurth, 100 Jahre Paul-Ehrlich-Institut, Langen bei Frankfurt 1996.

21 Robert Koch (1843–1910), Mikrobiologe, Hygieniker, entdeckte Erreger von Milzbrand und Tuberkulose sowie Choleraerreger, 1905 Nobelpreis. Neben Pasteur Begründer der Bakteriologie und Immunologie.

22 Emil von Behring (1854–1917). Immunologe, Serologe, Begründer der passiven antitoxischen Schutzimpfung, 1901 Nobelpreis, Mitentwicklung von Antitoxin gegen Diphtherie und Antitoxin gegen Tetanus.

fangen: *„Jerne had been hailed as a coming messiah in biomedical West Germany.“*[23] Er wollte in dem Institut nicht nur Seren und Impfstoffe testen und eichen, sondern auch Grundlagenforschung betreiben, so wie es zur Zeit von Paul Ehrlich üblich gewesen war. Jerne liess nach seinem Antritt die eingespielten Tätigkeiten des Instituts unangetastet, doch rief er zusätzlich mit einem kleinen Team eine eigene Grundlagenforschungsgruppe ins Leben. Der Grundlagenforschung dienten auch internationale Kolloquien wie der EMBO-Kurs für Immunologie.

Lefkovits wurde von Direktor Jerne selbst empfangen. Er stand in seinem großen Büro, vor einem enormen Schreibtisch und einer voll bekritzelten Wandtafel. In den Händen hielt er einen Tagungsband mit rotem Einband: The Genetic Code, Cold Spring Harbor 1966. Jerne erkundigte sich nach seiner bisherigen Tätigkeit, über das LIGB in Neapel und Buzzati-Traverso. Dann wollte er wissen, ob man Englisch oder vielleicht Deutsch sprechen sollte? Als Lefkovits sich für Englisch entschied, fragte er ihn, wo er Englisch gelernt hatte und ob er in den USA tätig gewesen war. Lefkovits deutete auf das rote Buch und sagte, dass er an dem Symposium in Cold Spring Harbor teilgenommen hatte, das Jerne in seinen Händen hielt. Jerne fragte weiter: *„Are you listed among the participants?“ „I am.“* Er setzte die Brille auf und nachdem er seinen Namen fand, meinte er: *„I do not need to know anything more, Lefkovits, you are accepted, you can start straight away“.*

Es war ein großer Moment für Ivan Lefkovits. Professor Jerne teilte ihm lakonisch mit, dass gerade ein EMBO-Kurs in Immunologie mit 20 Teilnehmern stattfinde, er solle also seinen weißen Kittel anziehen und anfangen. Um die Formalitäten würde man sich später kümmern.

„Darf ich meine Frau anrufen?“

„Sicher.“

Die riesig überrascht war, dass ihr Mann gleich die Stelle antreten sollte.

Was für eine Freude! Im Kurs lernte er drei Tschechoslowaken kennen, Jerne war sehr an der Tschechoslowakei interessiert, er schätzte die tschechische Immunologie. *„Im Kurs stellte Jerne mich vor: ‚Das ist Ivan Lefkovits aus Neapel, er wird für einen Bulgaren einspringen, der nicht gekommen ist.‘“* Von den drei Tschechen kannte er Blanka Říhová aus Prag, später eine sehr erfolgreiche tschechische Immunologin, Professorin, Direktorin des Instituts für Mikrobiologie der Akademie der Wissenschaften der Tschechischen Republik. Der zweite war Tomáš Hraba, einer der wichtigsten Vertreter der tschechoslowakischen immungenetischen Schule, und der dritte war sein späterer guter Freund und ausgezeichneter Immunologe Ctirad John.

Am EMBO-Kurs, organisiert von Claudia Henry, nahmen des Weiteren Benvenuto Pernis, ein italienischer Immunologe, der sich Verdienste um die Lymphozyten-Forschung erwarb, teil, sowie Ruggero Ceppellini, ein italienischer Genetiker, der auf dem Gebiet der Immungenetik und des Leukozyten-Antigens arbeitete. Ebenso im Kurs waren der schwedische Immunologe Göran Möller und der Däne Morten Simonsen, der sich mit immunologischen Reaktionen bei Transplantationen beschäftigte. Sie alle sollten später in Beziehung zum Basler Institut für Immunologie stehen, denn Jerne

23 Thomas Söderqvist, Science as Autobiography. The Troubled Life of Niels Jerne, New Haven/London 2003, S. 256.

nutzte die Liste der EMBO-Kurs Teilnehmer später als eine Art Database für die Auswahl zukünftiger Mitarbeiter.

Jernes ursprüngliche Intention für den Postgraduierten-Kurs war, über die Charakterisierung von Antikörper-produzierenden Zellen zu berichten und die neu entwickelte Plaque-Technik, die Niels Jerne mit Al Nordin noch in Pittsburgh entwickelt hatte, bekannt zu machen. Es galt, diese Methode mit anderen Ansätzen der Darstellungen einzelner Zellen zu vergleichen. Eine von diesen Methoden war die Rosettenformation, vorgeführt an diesem Kurs von Guido Biozzi. Biozzis Name war ausser mit Rosetten mit der Entwicklung eines Mäusestammes („high responding Biozzi mice“) verbunden. Richard Dutton aus La Jolla führte die Methode der Antikörperbildung von Milzzellen „in vitro“ vor. Die Methode hatte er mit seinem Mitarbeiter Robert Mishell entwickelt und sie wurde als „Mishell-Dutton culture system“ bekannt.[24] Dutton war ein in Cambridge ausgebildeter Immunologe, der zu dieser Zeit in La Jolla, Kalifornien, forschte. Die Methodik wurde nicht nur vorgeführt, sondern in Arbeitsgruppen auch durchexerziert. Der EMBO-Kurs war ein Erfolg, mit harter Arbeit tagsüber und einem regen gesellschaftlichen Leben abends in Jernes neuer Wohnung im Frankfurter Westend. Die Teilnehmer wunderten sich über Jernes Fähigkeit, bis spät in die Nacht durchzuhalten und am nächsten Morgen frisch im Kurs zu erscheinen.[25]

In die Wissenschaft einzutauchen war für Lefkovits sehr angenehm, doch der Kurs war anspruchsvoll. Er umfasste wie schon erwähnt einen theoretischen wie auch einen praktischen Teil. Es war eben ein „advanced course“. Es schien Lefkovits, dass andere Teilnehmer alles wussten, während ihm sogar die Handfertigkeit fehlte, eine Maus in Ruheposition zu halten. Ganz zu schweigen von der Verabreichung einer intravenösen Injektion.

Es kam der letzte Tag und eine kleine Prüfung, die humorvoll sein sollte, aber hinter der mehr steckte, als man vermuten konnte. Es gab nur eine Prüfungsfrage ***„Ist der Lymphozyt vorbestimmt eine einzige molekulare Spezies der Antikörper zu bilden?“***. YES or NO stand auf der Wandtafel. Die Teilnehmer wurden einzeln aufgerufen, sie sollten mit der Kreide einen Strich unter Ja oder Nein setzen.

Anschliessend bekam jeder Teilnehmer (unabhängig von der Antwort) eine schöne Diplom-Urkunde „Bachelor of Plaques and Rosettes“. Doch Jerne merkte sich gut, wer mit Ja gestimmt hatte – ein Ja hiess auch Zustimmung zu seiner Theorie der Antikörperbildung.

Am nächsten Tag bat Jerne Lefkovits zu sich ins Büro. Erwartungsgemäss kam die Frage: ***„How did you like the course?“*** Lefkovits entschied sich für volle Transparenz und sagte, ***„dass er zwar die Abläufe gut verstanden habe, aber keine Zusammenhänge erkennen konnte“.*** Jerne nickte. Lefkovits setzte fort: ***„Außer einem Ansatz, dem von Richard Dutton über die in vitro Stimulierung von Lymphozyten und der anschliessenden Darstellung der Immunantwort in Form von ‚plaque forming cells‘“.*** Jerne nickte. Und Lefkovits meinte, ***„dass alles, was im Organismus während der Stimulierung und der Antikörperproduktion abläuft, viel zu kompliziert sei. Den Organismus außer acht zu lassen und nur die Zellen in Betracht zu ziehen, die für die Immunantwort verantwort-***

24 Söderqvist, S. 254.
25 Ebd. S. 256.

Abb. 22a: Jerne am Abschluss des EMBO-Kurses (1967).

lich sind, wie Dutton meint, sei doch genial.“ Jerne wollte wissen: *„Does it mean that you might want to choose to explore Dutton’s in vitro culture system?“*

Lefkovits bejahte es. Doch das Grillen ging weiter. Jerne fragte: *„Was er mit dem System anstellen wolle?“* Es entstand eine Stille. Lefkovits wusste, dass er nicht mehr als ein paar Sekunden Zeit hatte, um etwas Vernünftiges zu sagen. Er holte tief Luft und sagte, dass er meint, *„wenn die Zellen schon vor der Zugabe von Antigen vorbestimmt wären, eine einzige molekulare Spezies von Antikörper zu bilden, dann nehme nur ein Bruchteil der Zellenpopulation in dem Dutton-System an der Immunantwort teil. Andere Zellen bleiben nur Zuschauer.“ „And then?“*, wollte Jerne wissen.

Lefkovits holte aus seinem Gedächtnis den „Fluctuation test“, ursprünglich entwickelt von Luria und Delbrück, in welchem man Mutanten von Bakterien, aber auch Mutanten von Bakteriophagen identifizieren konnte. *„Er würde ihn bei den Kulturen von Dutton anwenden, die jeweils einige Millionen Zellen beinhalten, und er würde die großen Kulturen unterteilen, Mikrokulturen erstellen, und diese würde er untersuchen.“* Er kannte das direkt von Salvador Lurias Vortrag in Neapel. Und das mathematische Rüstzeug, die Poisson’sche Verteilung, beherrschte er auch. Jerne stand auf und dann kam das erlösende *„go ahead, this is a real project.“*

Aus dieser „Idee“ ging auch ein sehr wichtiger Test hervor, der noch heute zur Bestimmung der Anzahl der Krebszellen verwendet wird. Ivan Lefkovits entwickelte den Test, den es bereits in der Bakteriologie gab, zur so genannten Methode der Grenzverdünnung. Sie wird auch heute noch angewandt.

Aus Pittsburgh hatte Jerne die beiden Wissenschaftler Claudia Henry und Hiroshi Fuji mitgebracht, um seine Plaque-Technik einzurichten und weiterzuentwickeln. Zu dieser Forschergruppe stiess jetzt Lefkovits mit seinem eigenen Projekt der „in vitro“-

Abb. 22b: Ivan und Hana Lefkovits mit Niels Jerne (1967).

Immunantwort in Mikrokulturen. Die experimentelle Arbeit von Claudia Henry und Hiroshi Fuji richtete sich auf die Eigenschaften der 19S- und 7S-Antikörper bei Stimulierung und Unterdrückung der Antikörperbildung. Lefkovits untersuchte die Bedingungen für das „scaling down" von Makrokulturen zu Mikrokulturen. Das sollte die Voraussetzung für den eigentlichen „Fluktuationstest" werden.

Die experimentelle Arbeit ging gut voran. Lefkovits konzentrierte sich voll auf die Miniaturisierung der Methodik. Es ging darum, die Zellen unter einer veränderten „Konfiguration" zur Antikörperbildung zu bringen, und zwar unter Bedingungen der „kleinen Zellzahlen". Aus der Milz einer Maus konnte man zweihundert Millionen Zellen gewinnen. Dutton hatte gezeigt, dass zwanzig Millionen Zellen eine robuste Antikörperbildung lieferten. Wo war das Limit nach unten? Vielleicht bei hunderttausend Zellen? Die Arbeitshypothese war, dass man eine Verdünnung erreichen kann, bei der einige Kulturen eine gute Immunantwort ergeben, während andere dies nicht tun. Die Kulturen von Dutton waren in 1 ml-Behältern gehalten, in einer definierten Zellendichte, damit die Zellen gediehen.

Kommerziell gab es verschiedene Plastikbehälter, um die Zellensuspensionen (oder Körperflüssigkeiten) aufzubewahren oder in einem Brutschrank zu kultivieren, aber es gab nur wenige, die eine „Tissue culture grade" ausgewiesen haben. Einfache Petrischalen aus Polystyrol unterstützten das Wachstum der Zellen nicht.

Lefkovits überwand alle diese Hindernisse erfolgreich, doch man sollte beachten, dass die Auswahl der möglichen Quellen und Formate damals sehr gering war. Er musste die Komponenten der Kulturmedien neu definieren (immer mit Duttons Rezept als goldenem Standard). Nach einigen Monaten, im Frühling 1968, konnte er die ersten Klone präsentieren. Jerne war höchst erfreut. Die Ergebnisse in der Form von „Plaque Forming Cells" und auch als positive Spot-Tests waren sehr überzeugend. Jerne konnte auf der Tagung der Gesellschaft Deutscher Naturforscher in Heidelberg die ersten Klone präsentieren. Nach Einschätzung einiger Wissenschaftler – etwa Theophil Staehelin, der mit Jerne in Pittsburgh zusammengearbeitet hatte – sei es das erste Mal überhaupt, dass ein Klon von antikörperproduzierenden Zellen nachgewiesen wurde.

Viele andere Gäste, nicht nur die Amerikaner, nahmen zum Institut Kontakt auf. Aus Köln kam der Immunologe Klaus Rajewsky, der sich mit der Entwicklung der B-Lymphozyten beschäftigte, aus Tübingen der Immunologe Klaus-Ulrich Hartmann – und im Gegenzug begann Lefkovits andere Institute in Deutschland zu besuchen. Er nahm auch an einem wichtigen Kurs in Glasgow und Edinburgh teil, an dem der Mikrobiologe und Immunologe Ctirad John aus Prag und der deutsch-jüdische Immunologe und Cambridge-Professor Peter Lachmann, 1938 aus Nazi-Deutschland geflohen, beteiligt waren. Mit beiden entstand eine langfristige Zusammenarbeit. Aus Israel besuchte der Direktor des Weizmann-Instituts Michael Sela, ein Biochemiker und Immunologe mit polnischen Wurzeln und ebenfalls vor den Nazis geflüchtet, das Institut. Hans Noll aus Evanston/Illinois beschäftigte sich mit der Polysomenorganisation[26]. Jernes Sekretärin, Frau Mosimann, bat immer wieder Ivan, Claudia und Fuji in das Büro, um die Konversation mit den Besuchern in Gang zu halten.

Für Ivan Lefkovits ergab sich im Paul-Ehrlich-Institut eine zwiespältige Integration. Die Umgangssprache mit Niels Jerne, Claudia Henry und Hiroshi Fuji war Englisch, mit Wissenschaftlern anderer Abteilungen Deutsch. Es gab einige Wissenschaftler, die sich um Kontakte zu Jernes Arbeitsgruppe bemühten, und es gab mehrere gemeinsame Projekte mit Herrn Dr. Kaiser und mit Frau Dr. Gilsenbach. Doch die Interaktion haperte, blieb zu formell, da Jerne immer mit Herr Professor angeredet wurde, während Claudia, Hiroshi und Ivan ihn „Niels" nannten. Und die englische Konversation unterscheidet nicht zwischen Duzen und Siezen. Weder Herr Dr. Kaiser noch Frau Dr. Gilsenbach noch Herr Dr. Siefert wollten auf die Vornamen-Anrede umschwenken, da der Rest der Belegschaft dies als unterwürfig betrachtet hätte. Trotz alledem kam es nicht zu Dissonanzen, es blieb nur die Tatsache, dass weder Jerne noch die anderen in der Lage waren, die bestehende Barriere zu überwinden. Eine besonders herzliche Beziehung entstand mit Gert Siefert und auch seiner Familie. Die Freundschaft überdauerte auch die Zeit, als Lefkovits schon nach Basel gezogen war.

Die Kluft zwischen den Wissenschaftlern am Paul-Ehrlich-Institut (PEI), die mit den Aufgaben der Arzneimittelprüfung beschäftigt waren, und Jernes Gruppe, die Forschung in der Immunologie voranbringen wollte, mag an der Infrastruktur des Instituts selbst gelegen haben. Das Paul-Ehrlich Institut gehört dem Staat, genauer gesagt dem Bundesministerium für Gesundheit. Zwar engagierte man Jerne als führenden Immunologen, doch man war nicht bereit, das PEI entsprechend auszustatten und umzubauen. Jerne erkannte allmählich, dass von einer staatlichen Institution solche Änderungen nicht erwartet werden konnten und sein Anspruch ***„to stir things up a bit in German immunology"*** nicht zielführend war.[27] Jerne beschwerte sich über die Beamtenstruktur der deutschen Institutionen: ***„Eine Prüfungsanstalt kann man so führen, nicht aber Forschung betreiben."*** Seine Einwände wurden nicht erhört. Jernes Vorstellungen, die Organisation so zu gestalten, dass die Hierarchien und die klassischen akademischen Rituale nur eine mindere Rolle spielen sollten und jede akademische Frage erlaubt sein soll, liessen sich nicht durchführen.[28]

Jernes Gruppe mit Henry, Lefkovits und Fuji musste erkennen, dass sie trotz aller Bemühungen am Institut ziemlich isoliert agierten. Nachdem Claudia Henry nach San Francisco wechselte, stieg der noch junge Ivan Lefkovits zum Gruppenleiter

26 Aufreihung vieler Ribosomen an der mRNA während der Proteinsynthese.
27 Briefwechsel Jerne Januar 1965, zit. n. Söderqvist, S. 248.
28 Söderqvist, S. 256.

auf, obwohl Hiroshi Fuji die Bedingungen viel besser erfüllt hätte. Doch Fuji sprach kein Wort Deutsch, und in der deutschsprachigen Umgebung des Instituts waren die Sprachkenntnisse eine Voraussetzung. Es dauerte nicht lange, bis Fuji das PEI nach Roswell Park Cancer Institute in Buffalo verließ.

Bis zu diesem Zeitpunkt sah Lefkovits die Arbeit in Frankfurt nur als Übergangslösung, bis sich die Übersiedlungspläne in die Staaten verwirklichen liessen. Der Arbeitsvertrag mit Nomura in Madison war noch gültig, nur die Antwort auf den Antrag auf das US-Visum, die Greencard, liess auf sich warten. In dieser Situation spielte wiederum die politische Entwicklung in das zukünftige Leben der Lefkovits' hinein – auf nicht vorhergesehene Weise. Im Januar 1968 wurde der Slowake Alexander Dubček zum Generalsekretär der Kommunistischen Partei der CSSR gewählt, ein Reformer mit weitreichenden Vorstellungen einer Demokratisierung des politischen und gesellschaftlichen Systems zu einem „Sozialismus mit menschlichem Antlitz". Mit Wirtschaftsreformen und der Gewährung von Informations- und Meinungsfreiheit – auch der Reisefreiheit – wollte sein Aktionsprogramm vom April des Jahres 1968 das System grundlegend reformieren. Der „Prager Frühling" begann. Für die Familie Lefkovits hätte dies auch die Aussicht einer Rückkehr in die Heimat bedeuten können. Doch das stand nicht mehr in ihren Zukunftsplänen. Lediglich der freie Besuch bei ihren Familien in Prag war als Hoffnung vorhanden, ihre Zukunft sahen sie in den USA. Doch die politischen Hoffnungen zerschlugen sich schnell: Im August 1968 marschierten Militärs der Warschauer Pakt-Staaten unter Führung der Sowjetunion in die Tschechoslowakei ein, nahmen Dubček und die Reformer fest und reinstallierten das alte System der kommunistischen Diktatur sowjetischer Prägung. Über 100 000 Tschechen und Slowaken flüchteten in den Westen.[29]

Darunter waren auch die Mutter und der Stiefvater von Ivan. Die Eltern von Hana blieben in Prag. Elisabeth und Gabriel kamen als Flüchtlinge nach Frankfurt und das veränderte auch die Pläne von Ivan und Hana, mindestens vorerst. Sie mussten versorgt und unterstützt werden, Arbeit und Wohnung finden. Die Ausreise in die USA rückte in die Ferne. Immerhin, die Anstellung von Ivan und Hana im Paul-Ehrlich-Institut gewährte erst einmal Sicherheit.

Gabriel fand auf Anhieb eine sehr gute Stelle in der Deutschen Metallgesellschaft, einem Unternehmen jüdischer Gründer mit Schwerpunkt Rohstoffhandel und Anlagenbau, das zu dieser Zeit einen Umsatz von über 3 Mrd. DM erwirtschaftete und 30 000 Mitarbeiter hatte. Gabi gelang es schnell, sich in die städtische Gesellschaft zu integrieren. Der Bekanntenkreis der Lefkovits' war im Gegensatz zu früher jetzt mehrheitlich jüdisch. Das lag daran, dass der russische Einmarsch die kleine jüdische Gemeinschaft (der CSSR) in die Flucht getrieben hatte – auch nach Frankfurt. Die meisten Flüchtlinge konnten problemlos Fuß fassen. Zudem waren die Bedingungen für den Stiefvater unerwartet günstig. Vor Jahrzehnten hatte er Chemie in Prag studiert und hatte nach der Gründung der Tschechoslowakei eine Zeitlang in Hannover gearbeitet. Er galt dort als Person mit deutscher Zugehörigkeit. Er war kein Sudetendeutscher, aber der BRD-Gesetzgeber hat den Begriff „deutscher Kulturkreis" zur Grundlage

29 Zum Prager Frühling am ausführlichsten Stefan Karner u.a. (Hg.), Prager Frühling. Das internationale Krisenjahr 1968, 2 Bde., Köln/Weimar/Wien 2008.

für die Ausstellung des sogenannten „A-Ausweises“ gemacht, unabhängig von der „Vertriebeneneigenschaft“. Die deutschen Behörden haben ihm den begehrten Ausweis-A ausgehändigt und ohne grosse Wartezeit den deutschen Pass. Das wiederum hatte zur Folge, dass auch seine Frau – Ivans Mutter – den deutschen Pass erhielt und nach einer gewissen Zeit auch Ivan und Hana Lefkovits. Somit erreichte die gesamte Familie Lefkovits eine sichere Existenz in Deutschland.

Doch wie sollte es am Paul-Ehrlich-Institut nach dem Abgang von Jernes Mitarbeitern Henry und Fuji weitergehen? Im Februar 1968 kam ein überraschendes Angebot aus der Schweiz: Das Pharmaunternehmen F. Hoffmann-La Roche in Basel, kurz Roche, unterbreitete Jerne seine Idee, das weltgrößte Institut für immunologische Forschung aufzubauen. Über die Größe und den Sitz am Rhein nahe dem Stadtzentrum waren bereits Entscheidungen getroffen. Das Institut sollte vollständige Freiheit in der Wahl seiner Forschungsthemen ebenso wie seiner organisatorischen Gestaltung erhalten; Roche wollte sich nur das Recht auf eventuelle Patente vorbehalten. Geld sollte keine Rolle spielen. Das bot Jerne die Chance, die führenden Immunologen der Welt um sich zu scharen, eine unbürokratische Struktur mit flachen Hierarchien aufzubauen und letztendlich das Institut zur führenden Organisation immunologischer Forschung weltweit zu machen. Kurzum: Der Traum eines Wissenschaftlers konnte wahr werden.[30]

Ende März begann Jerne ernsthafte Verhandlungen mit Roche zu führen. Benvenuto Pernis von der Universität Genua war als langjähriger Freund und Kollege überhaupt der Erste, der in die Roche-Offerte eingeweiht wurde. Dann folgten Kontakte zu Göran Möller aus Stockholm und Klaus Rajewsky aus Köln.

Im Frühsommer 1968 nahm Jerne das Angebot von Roche an. Im September unterbreitete er Lefkovits ein unwiderstehliches Angebot: Er sollte mit ihm nach Basel kommen und Gründungsmitglied des Instituts werden. Dass Jerne von allen Mitarbeitern des PEI nur ihm diesen Vorschlag unterbreitete, lag daran, dass Lefkovits der einzige Mitarbeiter des PEI war, der nicht fest in dem Umfeld verankert und somit offen für Veränderung war. Jerne schlug ihm eine Bedenkzeit vor, doch die brauchte Lefkovits eigentlich nicht. Er sagte zu und Jerne quittierte dies wohl auch sehr positiv.

Jerne brauchte jemanden, der den praktischen Teil des Aufbaus des Instituts leiten und vorantreiben würde, und Lefkovits sollte diese Aufgabe übernehmen. ***„Eine solche Stelle anzutreten brauchte eine Prise Frechheit, ich war erst 32 Jahre alt, und Jerne gab mir bei der Gründung einer so großen Institution völlig freie Hand.“*** Lefkovits nahm die Herausforderung also an, äußerte aber gegenüber Jerne offen Zweifel, ob seine Fähigkeiten für eine solche Aufgabe reichen würden. Jerne winkte ab und ermutigte ihn: ***„Ivan, you will make mistakes, that is unavoidable … therefore, whatever mistakes you make, I will consider as if I made them.“***[31]

Jerne reiste mehrmals nach Basel, und ab Spätherbst 1968 nahm er auch Lefkovits mit. An den Besprechungen mit Roche-Mitarbeitern zog Jerne auch die Wissenschaftler-Kollegen Benvenuto Pernis, Andrew Kelus und Ruggero Ceppellini bei. Andrew Kelus von der Universität Birmingham sollte sich um den Aufbau der Tierzucht

30 Zu Jerne und der Gründung des Basel Institute for Immunology ausser Söderqvist auch Ivan Lefkovits, History oft he Basel Institute for Immunology, Basel 2017, S. 2–20.

31 Lefkovits, History oft he Basel Institute for Immunology, S. 9.

Abb. 23: Adolf Jann, Präsident von Roche.

kümmern. Lefkovits erinnert sich später an die Atmosphäre der Gespräche mit Jerne (sowohl in Frankfurt wie auch in Basel) als ***„märchenhaft“*** und wie aus einer ***„anderen Welt“. „Fantasie ist Wirklichkeit geworden.“***

Die Form der „äußeren Hülle“ des Instituts war vorgegeben, da die Baugenehmigung streng reglementiert war. Es gab zwar Grundrisspläne, an die sich Jerne aber nicht halten wollte. Er setzte die meisten seiner Ideen durch, wie z. B. Wendeltreppen, um die darunter liegenden Labors direkt zu verbinden. Auch der Name „Roche Institute for Immunology“ passte ihm nicht; er setzte die Änderung in das neutrale „Basel Institute for Immunology“ durch. Einige seiner Ideen hatten einen ironischen Unterton. So sagte er: ***„Die Verwendung von Farben für Wände, Fußböden und Tische ist mir egal, solange es weiß und grau wird“***. Die Planung der Labors konnte beginnen.

Im Oktober 1968 lernte Lefkovits den Roche-Forschungsleiter Prof. Alfred Pletscher kennen, wie auch den Chef von Roche, Adolf Jann.

Er traf sich auch mit den Architekten unter Führung von Herrn Altenbach, wohl wissend, dass diese Kontakte demnächst zur Routine werden würden. Es wurden Treffen im zweiwöchigen Rhythmus vereinbart. Jerne teilte den Verantwortlichen von Roche mit, dass der Bau des Instituts von Lefkovits geleitet werde und er nach Fertigstellung seine Funktion an eine neu zu schaffende Verwaltung übergeben werde. Als Antrittsdatum wurde der 1. April 1969 vereinbart. Die Grundsteinlegung erfolgte am 12. April.

Ehefrau Hana war mit dem Wechsel einverstanden. Sie hatte sich zwar in Frankfurt gut eingelebt und war fleissige Mitarbeiterin in der Arbeitsgruppe von Dr. Siefert geworden, doch zugesagt hatte ihr diese Stadt nie. Die Loslösung von Frankfurt war für Ivan Lefkovits problemlos, da der Übergang nach Basel gleichzeitig mit seinem Chef Niels Jerne erfolgte. Der Sohn Michael verließ den Kindergarten und Frau Hana beendete noch ihr Projekt bei Gert Siefert.

Den Eltern gelang es inzwischen, in Frankfurt eine schöne Wohnung zu mieten. Schliesslich sollte dies jetzt eine dauerhafte Bleibe sein, nachdem die vorigen Wohnorte eher vorübergehenden Charakter hatten. Gabis Stelle bei der Deutschen Metallgesellschaft war besonders zufriedenstellend. Erst einige Jahre später zogen sie nach Freiburg im Breisgau, um Ivan, Hana und Michael näher zu sein. Nur die zerstörten Hoffnungen nach der Niederschlagung des Prager Frühlings waren deprimierend.

Für Ivan und Hana musste der Wohnsitz umgemeldet werden und das deutsche Autokennzeichen mit dem „F“ wurde durch ein „BS“ mit Schweizerkreuz und Basler Bischofsstab ersetzt. Michael wurde in der Schule angemeldet und der Wechsel zu einer Schweizer Krankenkasse vollzogen. Die Familie lebte sich schnell in Basel ein.

Die Aufbauphase des Basler Instituts

Die Jahrzehntwende 1969/70, als Ivan Lefkovits seine Arbeit in der Stadt aufnahm, kannte in Basel vor allem zwei längerfristig wirkende Ereignisse: die Ablehnung der Wiedervereinigung der beiden Basler Kantone durch die Bevölkerung des Landkantons und die Fusion der beiden Chemie- und Pharmakonzerne Ciba und Geigy. Die Basler Ciba-Geigy, Sandoz und Roche standen am Beginn eines grundlegenden Strukturwandels von der Chemie mit ihren klassischen Industrie-Arbeitsplätzen hin zur forschungsintensiven Pharma mit dafür notwendigen hochqualifizierten Angestellten. Zunehmend kamen die Mitarbeiter der Firmen aus Südbaden, dem Elsass und Italien, weil der einheimische Arbeitsmarkt den Bedarf an qualifizierten Arbeitskräften nicht mehr decken konnte. Das rief erste fremdenfeindliche Initiativen wie die des Textilindustriellen James Schwarzenbach hervor, die sich für Begrenzung und Ausschaffung von Migranten aussprachen. Die Stadt hatte 1969 noch 235 000 Einwohner, doch begann ihre Bedeutung durch den Wegzug von Wohnbevölkerung, die Raumknappheit für die Industrie und die Grenzlage zu sinken.[32]

Fast zeitgleich mit dem Basler Institut für Immunologie sollten das Friedrich-Miescher-Institut von Ciba-Geigy und das Biozentrum der Universität entstehen. Die Bereitschaft von Roche, in ein unabhängiges Forschungsinstitut zu investieren, das Grundlagenforschung betrieb und zu keinerlei Produktentwicklung verpflichtet war, hatte spezifische Gründe. Die Forschungsetats des Unternehmens waren explosionsartig angewachsen bei zugleich immer schmaleren Ergebnissen der Produktentwicklung. Zwischen 1958 und 1967 wurden 20 000 Substanzen gescreent, 181 gelangten in die klinische Testphase und nur sieben schafften es zum Präparat. Dieses Missverhältnis beförderte einen grundlegenden Paradigmenwechsel in der Forschung vom Screening chemischer Substanzen zur Entwicklung von Medikamenten auf der Basis von Erkenntnissen über biologische Mechanismen („rational drug design").[33] Und diese Erkenntnisse konnte ein Grundlagenforschungs-Institut liefern.

Hinzu kam, dass mit Alfred Pletscher, Virginius D. Mattia und John Burns hervorragende Mediziner und Biologen die Forschung von Roche leiteten. US-Chef Mattia und sein Forschungsleiter Burns wollten ein unabhängiges Institut der Grundlagenforschung für Molekularbiologie in Nutley gründen, das Roche Institute for Molecular Biology (RIMB). Roche-Präsident Adolf W. Jann diskutierte mit seinem Forschungsleiter Alfred Pletscher in Basel ebenfalls eine Langzeit-Forschungsstrategie für das Unternehmen. Ihnen diente das RIMB als Blaupause für das Basler Institut, doch wählten sie die Immunologie als Forschungsdisziplin. Das von Jerne entwickelte Konzept war einmalig in Europa und das Institut wurde zum Anziehungspunkt für Spitzenwissenschaftler

32 Georg Kreis/Beat von Wartburg, Basel. Geschichte einer städtischen Gesellschaft, Basel 2000. Mario König, Besichtigung einer Weltindustrie – 1859–2016 (Chemie und Pharma in Basel Bd. 1), Basel 2016.

33 Walter Hochreiter, Roche in Basel und Westeuropa, (Roche in der Welt. Eine globale Geschichte Bd. 1), Basel 2021.

weltweit. Es erfüllte darüber hinaus eine wichtige Brückenfunktion zwischen Grundlagenforschung und dem Pharma-Unternehmen.

Am 1. April 1969 nahm Lefkovits seine Arbeit in Basel auf. Diese bestand neben dem Aufbau des Instituts auch in der Weiterführung seiner Forschungen. Er hatte darauf bestanden, neben der Aufbauarbeit auch seine Forschungen fortzuführen und Jerne unterstützte dies selbstredend. Es ging ihm nicht nur darum, sein gut ausgestattetes Frankfurter Labor – mit allen Nährmedien, Seren, eingefrorenen Proben – am neuen Bestimmungsort zu etablieren. Hinzu kam auch seine wissenschaftliche Neugier, ob er es schaffte, die von ihm entwickelte neue Methode der Mikrokulturen in neuer Umgebung aufzubauen. Sein Ziel war es, eine Methode zur Schätzung der Häufigkeit von antigenspezifischen Vorläuferzellen zu entwickeln, die an der Immunantwort beteiligt sind. Sein Interesse an dem Thema Mikrokulturen war ungebrochen, auch wollte er nach der Eröffnung des Instituts auf Augenhöhe mit den anderen Kollegen sein. Im Bau 7 bei Roche wurde ein provisorisches Labor für ihn eingerichtet. Er durfte glücklicherweise aus Frankfurt alles mitnehmen, was ihm wichtig erschien, und konnte gleich in der ersten Aprilwoche sein neues Labor beziehen. Er brachte nur die für die Gewebekulturen nötigen Instrumente mit, den Rest der Laborinfrastruktur stellte ihm Roche zur Verfügung.

Er stellte die schwedische Laborantin Anita Söderberg und eine Hilfslaborantin an. In neuer Umgebung wurde die „in vitro“ Antikörperbildung etabliert, und die Darstellung der Klone war durchaus erfolgreich. Die ersten Ergebnisse ergaben schon konkrete Zahlen über die Häufigkeit der Zellen, die spezifisch für diese Immunartwort funktionell waren. Die Häufigkeit belief sich auf 2×10^{-5} und die durchschnittliche Klongröße auf 80 Zellen. Es war ziemlich sicher, dass die gemessene Häufigkeit sich auf die B-Zellen bezog, doch es hätte sein können, dass nicht die B-Zellen limitierend waren, sondern irgendeine andere, etwa die T-Helfer Zelle. Ein exzellenter Gesprächspartner für diese Art wissenschaftlicher Diskussion und ein regelmässiger Besucher in Basel war Benvenuto Pernis. Er schlug vor, dass die Immunantwort von Kaninchen-Lymphozyten die Klonalität der Zellen eindeutig beweisen könnte. Lefkovits nahm Kontakt mit Alma Luzzati auf und vereinbarte eine Zusammenarbeit. In diesem Kontext ging es um die Anwendung des so genannten „allelic exclusion“.

Die „Lehrjahre“ brachten Lefkovits dahin, dass er die Betrachtungen der Molekularbiologie der Bakterien mit genetischen Aspekten der Eukaryoten ergänzen musste. Ihm war klar, dass die diploide Zelle, die sich klonal vermehrt, nach jeder Teilung nur einen der beiden Chromosomenpaare verwendete und diesen in weiteren Generationen beibehält (clone breeds true). Nur eines ist aktiv, das andere bleibt stumm. Das System, welches Pernis meinte, hatte die spezielle Eigenschaft, dass in der Zucht (breeding) ein genetischer Marker verwendet wird, der einen genetischen „mix“ entstehen lässt, einen so genannten Heterozygot. Wenn man Mikrokulturen durchführt und man Doppelmarker statt sauber getrennten Singlemarkern findet, dann ist der vermeintliche Klon keiner.

Zu seiner Überraschung fand Lefkovits am ersten Tag ein Kuvert auf seinem Schreibtisch vor: ***„Herzlich willkommen, hätten Sie Zeit und Lust, mich zu besuchen? Ich walte im gleichen Bau im 2. Stock. Bitte rufen Sie meine Sekretärin an. Johann Rudolf Frey.“*** Frey war Leiter der Dermatologie-Abteilung bei Roche. Lefkovits tat wie

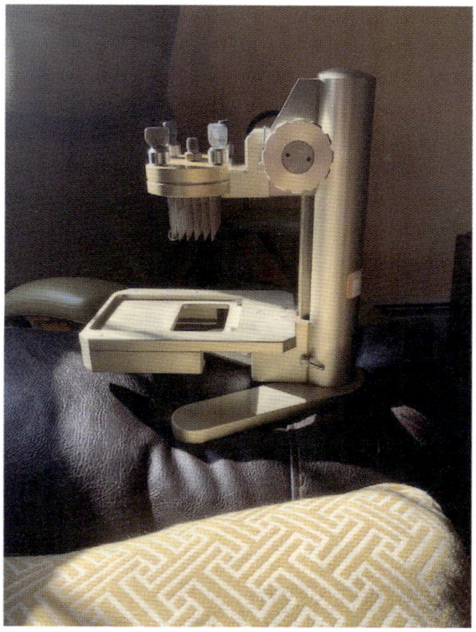

Abb. 24: Replicator aus Lefkovits' Labor.

geheissen und schon nach der ersten Begegnung entwickelte sich eine Freundschaft, die sich dann auch über die Familien erstreckte, Jahrzehnte währte und sich in die zweite Generation fortführte. Frey war es auch gewesen, der Pletscher von der Immunologie als Forschungsgegenstand des Instituts überzeugt hatte. Lefkovits lernte die Arbeitsgruppe von Frey und seine Mitarbeiter kennen. Er las auch ziemlich systematisch die Manuskripte von Frey. Zu der Zeit des Kennenlernens stand Frey vor dem Problem, dass er bei Meerschweinchen eine dermatologische Sensibilisierung mit einer Substanz erreichen konnte, doch bei der Desensibilisierung der Test versagt hatte. Die klonale Selektion bot eine gute Erklärung dafür, meinte Lefkovits, und diese Diskussionen vertieften die Beziehungen der beiden Wissenschaftler.

Roche-Forschungsleiter Pletscher kam gelegentlich in Lefkovits' Büro und lud ihn auch in die Forschungsabteilung VI/Med ein, um ihn den Wissenschaftlern vorzustellen, die ihn freundlich, zuvorkommend und kompetent empfingen. Alle schienen neugierig auf das Institut, doch Lefkovits gewann den Eindruck, dass sie sich nicht wirklich trauten, viele Fragen zu stellen. Es machte ihm nichts aus, er war bereit, zu berichten – hauptsächlich über Jerne. Sehr wahrscheinlich stand die Frage im Raum: Wieso wird Lefkovits vorgeschoben und wo ist eigentlich dieser Jerne geblieben? Hinsichtlich Jernes Weltreise zur Rekrutierung von Wissenschaftlern war Lefkovits zurückhaltend. Es erschien ihm unpassend zu betonen, dass Jerne gute Hirne im Ausland suchte.

Für das Roche-Management war es nicht gleich nachvollziehbar, weshalb Jerne die Leitung des Instituts nicht selbst in die Hand nehmen und sie erst einmal delegieren wollte. In einem Gespräch mit Adolf Jann und Alfred Pletscher erläuterte er seine Entscheidung. Es gebe zwei Aufgaben, die nicht gleichzeitig erledigt werden könnten – einerseits der Aufbau des Instituts und andererseits die Auswahl der zukünftigen Mitarbeiter. Das Letztere müsse er selbst machen und das Erste müsse er delegieren. Wenn man es verfehle, die richtigen Mitarbeiter anzustellen, werde das Institut nicht funktionieren. Und er fügte hinzu, dass der Aufbau bei Ivan Lefkovits in den richtigen Händen liege, denn er habe sich in Frankfurt sehr gut bewährt und kenne alle Aspekte moderner Forschung.

Jerne erklärte, er habe eine Liste von Wissenschaftlern erstellt und beabsichtige, diese Kandidaten bei einer Reise um die Welt persönlich anzusprechen. Auf die Frage, ob er meine, dass er die Besten finden würde, antwortete er: ***„I will probably not get the best people, since not all best people are available, but certainly I will get the best available people.“*** Und er erläuterte sein Prinzip: ***„First class scientists attract first class scientists. Second class scientists attract third class scientists.“***

Jerne wollte sich vor seiner großen Reise im kleinen Mitarbeiterkreis des zukünftigen wissenschaftlichen Nukleus des Instituts besprechen. Es war für ihn wie eine Generalprobe für seine große Weltreise. Die Einladungen schickte Lefkovits an Brigitte Askonas, Ruggero Ceppellini, Louis Du Pasquier, Hans Halbach (als einzigem Nicht-Wissenschaftler), Fritz Melchers, Ben Pernis und Klaus Rajewsky. Andrew Kelus war schon in Basel, um die Tierzucht zu planen. Das Treffen fand im Hotel Schiff in Rheinfelden statt. Auf der Tagesordnung standen drei zentrale Punkte: Erörterung des Konzepts des Instituts, Bericht über die Konstruktionsarbeiten, und die sich anbahnenden wissenschaftlichen Projekte. Zuerst berichtete Lefkovits über die schlichte Zeremonie der Grundsteinlegung des BII am 12. April 1969.

Ceppellini, der aus Italien anreiste, fragte auf der Straße in Rheinfelden den Erstbesten, wo das Hotel Schiff sei. Dieser bemerkte Ceppellinis italienischen Akzent und fragte seinerseits auf Italienisch: Suchen Sie Arbeit? Ceppellini bejahte dies, worauf ihn sein Gegenüber informierte, dass das Hotel Schiff einen Chefkoch suche.[34]

Zum Leitmotiv des neuen Instituts wurde die Antikörperspezifizität und ihr Ursprung erklärt. Jerne plante mit 50 Wissenschaftlern als „members“ in einer horizontalen Struktur des Instituts. Eine Handvoll davon sollten „permanent members“ sein, die anderen alle 2–3 Jahre rotieren. Lefkovits verteilte eine Fragenliste zu Gebäude (Labors) und gewünschter Einrichtung an die Teilnehmer.

Die meisten Teilnehmer kamen zu Wort und erklärten die eigenen geplanten Projekte. Jerne betonte, dass er sich eine Forschung erhoffe, in welcher die Antikörperspezifizität und deren Entstehung in mehreren Tierspezies untersucht wird: Mäuse, Ratten, Kaninchen, Hühner, Schafe, Frösche und Kaulquappen. Als Beispiel stellte Jerne dar, dass die Ontogenese des Immunsystems der Hühnerembryos sich ohne Einwirkung der Mutter entwickelt.

In August kam noch eine Besprechung zustande. Anschliessend brach Jerne auf den Weg zu den bedeutenden Forschungsstätten der Immunologie weltweit auf – vor allem Australien und USA –, um führende Wissenschaftler für sein Institut zu rekrutieren. Seine eigene Bekanntheit und Reputation sowie sein umfassendes wissenschaftliches Netzwerk kamen ihm dabei zugute. Am 1. November berichtete Jerne in einem Brief an Lefkovits sehr optimistisch bis euphorisch aus Evanston von seinen Erfolgen.[35] Es war ihm gelungen, Ethel Jacobson, Helmut Pohlit, Theo Staehelin und Zoltan Tökes für das BII zu gewinnen. Stephen Fazekas versprach, für ein Sabbatical-Jahr ans Institut zu kommen. Charles Steinberg aus Oak Ridge, ein Delbrück-Schüler, sollte ständiges Mitglied am BII werden. Mit Max Delbrück war Jerne zum Abendessen verabredet und zwar (zufälligerweise) am Tag vor dem berühmten Anruf aus Stockholm. Der Nobelpreis ging an Max Delbrück, Salvador Luria und Alfred Hershey. Das Essen taufte Jerne in Anspielung auf ein anderes Abendmahl „the last supper“. Delbrück versprach, nach Möglichkeit zur Eröffnung des Instituts nach Basel zu kommen.

Das einzigartige Projekt des Basler Instituts hatte sich in der wissenschaftlichen Welt herumgesprochen. Es herrschte eine Aufbruchsstimmung, die gespeist war von wissenschaftlichen Durchbrüchen und den Versprechungen eines bestens ausgestatteten

34 Lefkovits, BII, S. 15.
35 Privatarchiv Lefkovits, Jerne an Lefkovits 1. November 1969.

Abb. 25: Niels Kaj Jerne mit Vasco in der Provence.

Instituts der Grundlagenforschung. Nach und nach kamen immer mehr Wissenschaftler. Die mit dem Institut verbundenen Ita Askonas, Ruggero Ceppellini und Ben Pernis tauchten regelmässig auf, andere wie Dietmar Braun aus Göttingen und Richard Pink aus London wollten etwas über das Institut erfahren. Klaus Rajewsky (Köln) war zwar durch Jerne informiert, kam aber neugierig wieder und wieder.

Pletscher unterhielt sich gern mit Lefkovits, doch ging es dabei weniger um das neue Institut oder die Wissenschaft. Zwei Themen standen im Mittelpunkt der Gespräche: die aktuellen Entwicklungen in der Tschechoslowakei nach dem traurigen Ende des Prager Frühlings und die Suche nach einer Wohnung für Familie Lefkovits. Er erwies sich als profunder Kenner der politischen Situation in der CSSR und des „realen Sozialismus". Pletscher, der selbst in Riehen wohnte, war erfreut, dass Lefkovits eine Wohnung in Riehen oder Bettingen suchte. Als Lefkovits ihm als Grund dafür nannte, dass zwischen Riehen oder Bettingen und dem zukünftigen Institut keine Ampel die Fahrt aufhalte (damals!), war er über diesen profanen Grund enttäuscht. Er hatte sich eine poetischere Antwort erhofft: wegen der grünen Umgebung, den guten Restaurants und ähnlichem.

Die Suche nach einer Wohnung erwies sich als nicht ganz einfach. Die Nachfrage überstieg das Angebot und die Mietpreise im Kanton Basel-Stadt lagen zu dieser Zeit recht hoch. Mehrfach inserierte Lefkovits in der Basler Nationalzeitung nach einer Vierzimmerwohnung, ohne ein Resultat. Nach dem dritten oder vierten erfolglosen Inserat fragte ihn Pletscher, wie gross sein Inserat sei. Lefkovits entgegnete etwas verständnislos, so gross, dass der Text hinpasse. ***„Schalten Sie ein 9 x 13 cm-Inserat"***, empfahl Pletscher. Kopfschüttelnd tat er es und prompt erhielt er sechs oder sieben

Antworten. Pletscher schmunzelte: ***„Wenn der Inserent genug Geld hat, um eine große Anzeige aufzugeben, wird er genügend Geld haben, die Miete zu bezahlen.“*** Hana und Sohn Michael wohnten noch in Frankfurt und reisten speziell für die Wohnungsbesichtigung an. Sie machten gemeinsam die Runde und wählten das Haus in Bettingen, wo sie auch heute noch wohnen. Im Spätsommer konnte der Kauf des Hauses abgewickelt werden und zum Nationalfeiertag am 1. August zogen sie ein – wie passend. Hana Lefkovits' Arbeitsvertrag in Frankfurt lief Ende August ab und sie kam im Oktober nach Basel. Der Umzug war problemlos zu bewältigen, denn die Lefkovits' hatten als Emigranten nicht viel Besitztümer angesammelt.

Die Baubesprechungen mit Altenbach fanden im Büro von Lefkovits' Labor statt; traf sich die grössere Planungsgruppe, wählte man ein Sitzungszimmer im Bau 52, dem damals Hochhaus genannten Bau des Architekten Roland Rohn. Erst später fanden die Besprechungen auf der Baustelle des neuen Instituts statt. Das zentrale Motiv der Gestaltung war eindeutig die Flexibilität. So konnten etwa Leitungen verschoben, versetzt und neu positioniert werden, ganz nach den Erfordernissen der jeweiligen Labornutzer. Die Labore auf zwei Etagen waren über Wendeltreppen verbunden, wodurch Transparenz und gegenseitige Interaktion geschaffen werden sollten. Nur keine endlos langen Flure mit unzähligen geschlossenen Labor- und Bürotüren! Die Forscher sollten sich über den Weg laufen und miteinander kommunizieren.

Einrichtung und Instrumente sollten zwischen den oberen und unteren Labors geteilt werden. Als zentraler Treffpunkt galt die Cafeteria, weshalb niemand mehr als dreissig Sekunden von seinem Labor oder seinem Büro bis dorthin benötigen sollte! Direkt über der Cafeteria war der Seminarraum geplant. Ein Konzept, das wegweisend modern wirkt und das in späteren Jahrzehnten in anderen Unternehmen und Institutionen auch eingeführt wurde. Jerne und Lefkovits muteten den Architekten einiges zu, aber Altenbach und sein Team vollzogen die Ideen etwa der stockwerkübergreifenden mehreren Wendeltreppen – wenn auch mit einiger Verzögerung. Auch für Ivan Lefkovits war die Bauleitung ein neues Erfahrungs- und Arbeitsfeld. Bei jeder Besprechung bekam er die auf den neuesten Stand gebrachten Baupläne präsentiert und musste jeden abzeichnen, manches Mal, ohne die Konsequenzen bis ins letzte Detail zu durchschauen.

Die Besprechungen mit dem Architektenteam verliefen freundlich, doch waren sie auch anstrengend. Insgesamt waren 23 Firmen in den Bau involviert, in erster Linie Preiswerk, Selmoni, Lüftungs AG, Bogenschütz, Rosenmund, Stöcklin, WIVO, Kullmann und nach Bedarf andere. Bei manchen Besprechungen waren alle mit am Tisch, bei anderen erfolgte eine Auswahl je nach dem Stand der Bauarbeiten. Zunehmend übernahm Herr Wicki vom Bauunternehmen Preiswerk – einer alteingesessenen Basler Ratsfamilie, die unter anderem ein Bauunternehmen betrieb – die Leitung. Bei den Sitzungen spielte sich die Routine ein, dass Altenbach oder Wicki die Teilnehmer in Schwyzerdütsch begrüssten, mit der Bitte, danach ins Hochdeutsche zu wechseln, damit Lefkovits folgen konnte. Tatsächlich war es dann so, dass die ersten fünf oder zehn Minuten Hochdeutsch geredet wurde, um dann wieder ins heimische Idiom zu verfallen. Meist verstand Lefkovits, was besprochen wurde, und wenn er es nicht tat, bat er danach Wicki oder Altenbach, es ihm zu erklären. Dass die Besprechungen nicht nur eine gesellige Privatrunde waren, bemerkte er spätestens, als er die Sitzungsprotokolle mitunterzeichnen musste.

Jede Woche führte Lefkovits lange Telefonate mit Jerne. Konnte Jerne seine Fragen auf Anhieb beantworten, folgte Lefkovits seinen Anweisungen. Wusste Jerne keine unmittelbare Antwort, gab er Empfehlungen, wen er kontaktieren sollte – Ben Pernis, Klaus Rajewsky, Göran Möller oder Eduard Kellenberger. Die dritte Möglichkeit schließlich war, dass er es ihm selbst überließ, zu entscheiden. Im Allgemeinen zog Jerne es vor, wenig gefragt zu werden. Während er weltweit nach Spitzenkräften suchte, hielt Lefkovits ihn brieflich auf dem Laufenden. Sein Erfahrungshorizont mit der Struktur eines Instituts war bis dahin eher beschränkt. Aus dem „realen Sozialismus" brachte er nichts Nützliches in dieser Hinsicht mit, nur in Neapel hatte er sich einige Kenntnisse erworben. In Deutschland kannte er die Max-Planck-Institute in Freiburg, Göttingen und Köln und in den Vereinigten Staaten natürlich das berühmte Cold Spring Harbor Laboratory.

Spätestens nach Jernes Rückkehr konnte er seine Wissenslücken füllen, da er eine Liste aller potenziellen zukünftigen Mitarbeiter erhielt – und die konnte er ausfragen. Er ließ sich beraten und der Lernprozess war ergiebig. An den Besprechungen mit den Baufirmen musste er Fragen beantworten, die überhaupt nicht Teil seines Erfahrungshorizonts waren. Wieviel Wärme werden die aufgestellten Instrumente produzieren? Wie viele Steckdosen braucht man und wie viele für Starkstrom? Wie groß sollen die Waschbecken sein? Braucht man in jedem Labor entionisiertes Wasser? Fragen über Fragen, deren kompetente Antworten man sich erst erarbeiten musste.

Umgekehrt konnten auch seine Ansprechpartner die Wünsche von ihm oft nicht nachvollziehen. Sie waren eher auf die chemische Arbeit und weniger auf sterile biologische Arbeit ausgerichtet. Als er etwa mitteilte, dass weniger chemische Abzugshauben, aber umso mehr sterile Laminar-flow-Hauben gebraucht würden, herrschte ziemliche Ratlosigkeit. Und als Lefkovits gar ausführte, dass er keine „Waage-Steintische" benötige, behauptete die Laboreinrichtungsfirma WIVO schlicht, dass in der Schweiz alle Labors einen Waagetisch benötigen!

Zur selben Zeit wie sein Institut für Immunologie wurde auch das Biozentrum der Universität Basel gebaut, das ebenfalls Grundlagenforschung betreiben sollte und dessen Mitgründer der Genfer Molekularbiologe Eduard Kellenberger war.[36] In den Besprechungen mit den Architekten kam öfter der Verweis auf das Biozentrum und dessen beispielhafte Vorgehensweise (während die Ideen von Lefkovits eher kritisch betrachtet wurden). Es schien an der Zeit, Kellenberger kennenzulernen. Dieser war für Jerne in seiner Genfer Zeit von größter Bedeutung gewesen. Deshalb bat Lefkovits Jerne, den Kontakt zu Kellenberger herzustellen. Das gelang, und es schien der Fall zu sein, dass Kellenberger ihn aus Neapel kannte.

Mit dem wissenschaftlichen Netzwerk von Kellenberger und Jerne waren zwei wichtige Namen verknüpft: Jean Weigle und Max Delbrück. Weigle hatte Physik in Genf studiert und wurde Professor für Experimentalphysik. Gemeinsam mit Eduard Kellenberger konstruierte er 1945 das erste Elektronenmikroskop der Schweiz. Weigle ging dann in die USA, wurde Mitarbeiter von Delbrück und leistete grundlegende Bei-

36 Martin Hicklin, Das Institut für Immunologie, das Friedrich-Miescher-Institut und das Biozentrum, in: Chemie und Pharma in Basel Bd. 2, S. 112–118.

träge zur Bakteriophagenforschung. Sowohl Kellenberger als auch Weigle betrachteten sich als Schüler von Max Delbrück.

Kellenberger blieb einige Tage in Basel und es entstand eine freundschaftliche Affinität, die Jahrzehnte überdauerte. Er erwies sich als guter Kenner der osteuropäischen Verhältnisse und die beiden führten rege politische Diskussionen. Er berichtete auch über das Biozentrum – und über die Langsamkeit beim Aufbau. Dabei erwähnte er seinen technischen Mitarbeiter Jacques Bron, den Lefkovits einige Monate später persönlich kennenlernte. Zu seiner Freude und Überraschung stellte sich heraus, dass Bron ein ausgewiesener Experte beim Aufbau eines Instituts war.

Da nun der Aufbau des Biozentrums langsamer als der des BII voranging, machte Jerne das Angebot an Kellenberger, ihn und seine (damals noch bescheidene) Arbeitsgruppe für ein bis zwei Jahre (bis Fertigstellung des Biozentrums) in seinem neuen Institut zu beherbergen. Kellenberger – höchst erfreut über das vorgeschlagene Angebot – revanchierte sich damit, Jacques Bron für den Aufbau des BII freizustellen. So wurde Lefkovits in Aussicht gestellt, ab Januar 1970 Bron zum engsten Mitarbeiter gewinnen zu können.

Bei Lefkovits' eigenen Forschungen ging es hingegen nur langsam voran. Der Schwerpunkt seiner Arbeit lag eben eindeutig auf dem Aufbau des Instituts und das akzeptierte er auch. Immerhin bekam er eine zusätzliche Laborantin für seine Forschungsarbeit, Jolande Magnenat. Als Grundausstattung bestellte er eine Laminar-flow-box (eine sterile Werkbank für die Arbeit mit Zellkulturen), ein spezielles Gasgemisch für die Zellkulturen, entionisiertes Wasser und einen speziellen Inzuchtstamm von Mäusen. Er war überrascht, wie wenig davon in Basel vorhanden war.

Vorderhand ergab sich ein „Mäuse-Problem". Alle Pharmafirmen in Basel verwendeten swiss albino-Mäuse. Angeblich sollten es Inzuchtmäuse sein, doch das waren sie nicht. Die allererste Labortätigkeit bestand also darin, herauszufinden, welcher Mäusestamm für die In-vitro-Antikörperreaktion geeignet war. Vorerst brauchte Lefkovits nur einen Stamm, doch er deutete an, dass bald Besprechungen stattfinden werden, um insgesamt vielleicht sieben verschiedene Inzuchtstämme in das zukünftige BII einzuführen. An diesen Entscheidungen wollte er nicht beteiligt werden, denn das gehörte nicht zum Aufbau, sondern zur Infrastruktur. Lefkovits' Kollege Andrew Kelus war Gesprächspartner für Walter Rossbach bei Roche Füllinsdorf hinsichtlich der Infrastruktur für die Tierzucht.

Lefkovits versuchte seine Zeit so einzurichten, dass er wenigstens ein paar Stunden täglich im Labor verbringen konnte. Die Forschung konnte nur langsam anlaufen, weil Abläufe erst aufgebaut werden mussten, die am Paul-Ehrlich-Institut im Hintergrund flott gelaufen waren. Es brauchte Schafblut, das erst beschafft werden musste. Nährmedien von Gibco, Aminosäuren von Sigma, Meerschweinchen-Komplement, all das war notwendig – letzteres stellte ihm ein Kollege aus der Dermatologie zur Verfügung. Der Übergang von Frankfurt nach Basel erwies sich etwas schwieriger als gedacht.

Nach der Eröffnung des Instituts wollte Lefkovits aus seinem „provisorischen" Labor in Bau 7 so bald wie nur möglich in die neue Arbeitsstätte in Labor 12 umziehen. Das funktionierte durch seine fähigen Laborantinnen Anita Söderberg und Lena Skarvall sehr gut. ***„Dann bekam ich meine Arbeitsgruppe, und mehr als drei Jahrzehnte lang konnte ich meine Arbeit machen. Mit einem ausgezeichneten Gehalt, mit allen Möglichkeiten, an Konferenzen teilzunehmen, zu reisen."***

Zwar war die Einkaufsabteilung von Roche enorm behilflich, doch das umständliche Procedere überraschte Lefkovits. Er stellte fest, dass ihm eine sogenannte Kostenstelle zugewiesen wurde und ihm verschiedene Formulare vorgelegt wurden, in die er eintragen sollte, wie viele Zehntel seiner Arbeitszeit er für die jeweilige Tätigkeit verwendet habe. All das kannte er im Gegensatz zu Roche-Angestellten nicht. Bei der nächsten Besprechung mit Jerne teilte er ihm mit, dass er nur widerwillig solche Formulare ausfülle und Jerne regelte dies mit Pletscher. Daraufhin kam Pletscher zu Lefkovits und ermunterte ihn, solche Dinge zukünftig mit ihm direkt abzuklären. Das tat er denn auch.

Zu seinen Aufgaben gehörte auch die Korrespondenz. Die umfasste die interne Post, Anfragen aus dem In- und Ausland, Angebote und Unterlagen für das provisorische Labor, kurzum: einen Berg von zu erledigender Korrespondenz. Bei einem Gespräch mit Jerne berichtete er über diese zeitraubende Tätigkeit, und Jerne reagierte. Ihm stand eine Direktionssekretärin zu und diese Stelle wurde im Spätsommer mit Ingrid Schnurr besetzt. Eine glückliche und exzellente Wahl, wie sich herausstellte.

Bis zur Eröffnung des Instituts stand sie Lefkovits bei Korrespondenz und für die Organisation zu Diensten, entlastete ihn ganz wesentlich und liess ihm Verschnaufpausen, in denen er seine eigene Forschung vorantreiben konnte. Nach der Eröffnung des Instituts wurde sie mit Leib und Seele Jernes Sekretärin und sie blieb danach für Jahrzehnte am Institut.

Ihre erste größere Aufgabe bestand in der Organisation des zweiten Rheinfelden-Meetings, das vom 10. bis 13. Dezember erfolgen sollte. Lefkovits verschickte an die teilnehmenden Wissenschaftler neue Fragelisten betreffend die Einrichtung der Labors, doch die meisten taten so, als ob sie keine spezifischen Wünsche hätten. An dieser Tagung kurz vor Weihnachten nahmen die gleichen Wissenschaftler teil, die schon beim dem ersten Rheinfelden-Termin dabei gewesen waren. Nach Jernes Wunsch war es diesmal eigentlich eine wissenschaftliche Tagung, bei der Jerne seine neue Theorie über die Erzeugung von Antikörper-Diversität präsentieren wollte, um die Frage der „Spezifität“ als zentrale Forschungsrichtung zu verankern.

Alfred Pletscher überreichte Lefkovits als Weihnachtslektüre eine Broschüre mit der Zusammenfassung der weltweiten Aktivitäten von Roche im Jahr 1969. Zwei wichtige Medikamente – Bactrim und Berocca – waren auf den Markt gebracht worden, und Roche hatte sich entschlossen, in die Entwicklung medizinischer Instrumente und in die Bioelektronik einzusteigen. Lefkovits' wichtigste Erkenntnis war, dass Sidney Pestka bei Roche Nutley eine groß angelegte Arbeit über Alpha-Interferon begonnen hatte. Für Jernes Frage der „Spezifität“ gab es wenig Berührungspunkte, aber die vermuteten immunmodulierenden Wirkungen konnten vielleicht zur Behandlung von Tumorerkrankungen und Virusinfektionen genutzt werden.

Das ereignisreiche Jahr ging damit für Ivan Lefkovits zu Ende. An der letzten Besprechung zwischen Weihnachten und Neujahr nahm schon Jacques Bron teil. Der Eröffnungstermin des BII schien völlig im Rahmen zu sein. Während des Jahres 1969 kam es zu keinen Verzögerungen, die den Zeitplan gefährden konnten. Familie Lefkovits war in Basel im eigenen Haus und es zeichnete sich eine längere Periode wegweisender wissenschaftlicher Forschung ab.

Einzug in den Neubau im Oktober 1970

Abb. 26: Der Neubau des BII (1969)

Zum Oktober 1970 wurde es dann spannend für Lefkovits, denn der Einzug ins neue Institut war angesagt. Würde er mit allen Aufgaben fertig werden? Hatte er bei seinen Vorbereitungen alles berücksichtigt? Würden die neuen Kollegen zufrieden sein? Zwischen dem 1. und dem 4. Oktober trafen sie dann ein, am 5. Oktober konnten sie ihre Labors beziehen.

Bezugsbereit war ungefähr die Hälfte des Instituts. Meistens wussten die Forscher, in welchen Labors ihr Arbeitsbereich war. Es war eine junge Generation und es waren Leute, die Mobilität gewohnt waren. Viele hatten schon im Voraus Wohnungen gemietet. Um die gesamte neue Lebenssituation wie Wohnung, Schule, Krankenkasse, Bankkonto kümmerten sich Fachkräfte von Roche. Lefkovits versuchte nur sicher zu stellen, dass die Wissenschaftler sich recht bald im Institut etablieren konnten. Jerne schrieb den Wissenschaftlern nicht vor, was sie zu tun hatten, aber er wählte auch sorgfältig diejenigen aus, die das taten, woran er interessiert war. Es war riskant, aber Jerne hatte ein gutes Urteilsvermögen.

In den Korridoren wurden Einbauschränke aufgestellt, beschriftet und mit allen Utensilien gefüllt. Die Medienküche, die schon vor Wochen von Frau Bron bezogen wurde, wurde zur Vorzeigeinstitution. Nährmedien für die Zellkulturen, Agarplatten und auch steriles destilliertes Wasser waren für Tag eins vorbereitet. Es wurde eher überdimensioniert, damit die Forscher alles vorfanden, was sie brauchten. Die Kollegen lobten den Überfluss. Lefkovits hingegen mit seiner Erfahrung des „realen Sozialismus" meinte, er wisse, wozu Mangel führe – zu gierigem Hamstern und damit zu noch grösserem Mangel. Einige liessen sich ihre eigenen Instrumente und Material aus ihren vorherigen Institutionen schicken, sonst bedienten sie sich selbst. Es gab gutgemeinte Ratschläge von Roche, man solle Bezugsformulare verteilen, damit man wisse, wer was bezieht. Genauso wie das Institut freie Hand aus den „höheren Etagen“ von Roche erhielt, so spürte man den bürokratischen Druck von der „mittleren Etage“ – hauptsächlich von den Einkaufsabteilungen –, deren System zu übernehmen. Lefkovits erhielt vom Roche Forschungschef Pletscher Unterstützung, um solche und andere Interferenzen abzuwehren. Es gab erstaunlich wenige Reklamationen seitens der Neuankömmlinge. Immerhin, einem Kollegen schien Lefkovits' Aussage, dass die Labors flexibel gebaut seien, irritierend zu sein: Er kam mit der Forderung, dass der festmontierte Labortisch demontiert und um 90 Grad gedreht werden solle, weil der Sonneneinfall für seine Mikroskopiearbeiten ungünstig wäre. ***„Ivan, you told us it is flexible, then let's flex it“***, sagte der australische Forscher Stephen Fazekas de St. Groth. Sein Wunsch wurde erfüllt.

Theo Staehelin, der einzige Schweizer unter den permanenten Mitgliedern, war voll des Lobes. Er meinte, dass das BII vielleicht das einzige Institut sei, in dem man direkt ab Tag null arbeiten konnte. Alles war vorhanden. Es herrschte ein ungeheurer Aufbruchsgeist, eine gespannte Erwartung an die Zukunft und Freude, ohne Einschränkung forschen zu dürfen und Neues zu entdecken.

Interessanterweise kamen sich nur wenige in die Quere, es waren genügend Kühlschränke, Zentrifugen, Brutschränke, auch kleine Instrumente sowie Glas- und Plastikware vorhanden. Viele Kollegen haben sich gekannt – einerseits aus der Weltarena der Forschung, andererseits von den vorangegangenen drei Meetings. Dennoch gab es einen gewissen Drang sich zu präsentieren. Mehrere Seminare wöchentlich liefen von neuen Kollegen; mehr noch und das wurde sicher nicht erwartet: Es bildete sich ein regelrechter Hype, Forscher aus aller Welt wollten nach Basel kommen, um das neue Institut zu beäugen. Alle wollten Niels Jerne sehen, und alle wollten die permanenten Mitglieder begrüßen. Weder jetzt noch in Zukunft gab es formelle Sitzungen. Seminare und Vorträge waren vom ersten Tag an geplant, sonst nichts – außer Parties selbstverständlich.

Nicht nur konnten alle Wissenschaftler ihre Projekte frei wählen – wie in den Arbeitsverträgen ausdrücklich festgehalten wurde –, sie konnten sich auch mit anderen Forschern so gruppieren, wie sie es für richtig hielten. Es musste lediglich in die Formel „zwei Wissenschaftler und zwei Laboranten“ passen. Bis 1. April 1971 wurden auch die restlichen Labors fertiggestellt und funktionell eingerichtet: 1 800 m^2 Laborfläche und weitere Flächen für die Bibliothek, Kälteräume, Cafeteria, Tierräume, und mechanische Werkstatt. Es gab jetzt Platz für 150 Personen, 50 davon Wissenschaftler, 50 Laboranten und 50 unterstützendes Personal in Administration, Werkstatt, Tierzucht, Cafeteria und Bibliothek. Jerne war der Überzeugung, dass gute Wissenschaft in räumlich engen Verhältnissen gedeihen würde, da enge Kontakte interaktive Kommunikation stimulieren.

Die formelle feierliche Zeremonie der Eröffnung (mit einer kleinen Konferenz) wurde für den 16. Juni 1971 geplant. Dann folgte alles, was das Institut in volle Funktion versetzte: Berufung des Advisory Board und des Board of Consultants, und es wurden die Montag-Lunchseminare ins Leben gerufen. Und ja, ganz wichtig: Die Tinguely-Skulptur „The double helix“ wurde eingeweiht.

In einer kleinen Zusammenfassung wurden die Projekte skizzenhaft so beschrieben:

Andrew Kelus	anti-idiotypic responses in rabbits
Ivan Lefkovits	microcultures of stimulated lymphocytes
Theo Staehelin	regulation of protein synthesis
Stephen Fazekas	antigenicity of mutants of influenza viruses
Ethel Jacobson	antibody-induced suppression in mice
Tien-wen Wiedmann	in vitro organ culture systems
Charles Steinberg	genetics
Louis Du Pasquier	amphibian species and their immune responses
Francis Loor	immunofluorescence of cells of the immune system
Dietmar Braun	streptococcal polysaccharide antigens (rabbits)
Jean-Claude Jaton	amino-acid sequencing of protein species
Helmut Pohlit	antigenically cross-reacting carriers
Georges Roelants	proliferation of cells during stimulation
Ita Askonas	proliferation of cells during stimulation
David Dresser	thymus-dependent and thymus-independent antigens
Jan Andersson	microfluorometry and autoradiography on single cells
Olaf Sjöberg	Concanavalin A responses and mitogenicity
Jack Hay	draining lymph nodes of sheep and recirculation
Jan Obel	antigen presentation
Vincenzo Miggiano	mixed leukocyte cultures in humans and mice
Meco Bernoco	unidirectional MLC and blast transformation
Seung-il Shin	cell fusion of lymphocytes
Amy Falvey	initiation factors in protein synthesis
Wally McKeehan	elongation factors in protein synthesis
Max Schreier	translational control and mRNA

In einer Grußbotschaft bei der Einweihungszeremonie formulierte Jerne seine Maxime:

„As Socrates pointed out, the essential difficulty of scientific research is that you are searching for the unknown or, in other words, that you do not know what you are searching for. Because of this difficulty, science cannot advance in a systematic way, nor can the optimal structure of a research institute be determined.“

Einzig das Leitmotiv der ***„antibody specificity“*** sollte richtungsgebend sein.

Die Forschungsarbeit von Lefkovits

In der Endphase der Fertigstellung des Instituts hatte Lefkovits mehr und mehr Tagesagenda an Jacques Bron übertragen können und konnte sich dadurch für den Einstieg in die kompetitive Forschung adäquat vorbereiten. Lefkovits berichtet:

„Während meiner Zeit am Paul-Ehrlich-Institut war ich auf mich allein gestellt. Das ‚go ahead' von Jerne beflügelte mich, aber außer den beiden wichtigsten Personen in meinem Umfeld, Claudia Henry und Hiroshi Fuji, musste ich alleine zurecht kommen. Erst drei Jahre später – bereits am BII – kam die notwendige Entfaltung und enorme Beschleunigung der Forschungsnutzung. Aber auch die Anfangsphase war sehr interessant und lehrreich. Der Kühlschrank mit Medien und Seren aus dem Nachlass von Richard Dutton war bezeichnend für die Anfänge. Die Vorversuche schienen zu funktionieren.

Kurz nach der Eröffnung des Instituts habe ich meine erste Arbeit über Mikrokulturen fertiggestellt und 1972 veröffentlicht. Ich beschrieb sowohl die Methode der Kultivierung von Lymphozyten als auch die Analyse selbst. Die Mikrokulturen wurden in Gewebekulturgefäßen mit einem Volumen von 10 Mikrolitern durchgeführt. Ein Instrument für die Handhabung von 60 Kulturen wurde in der Werkstatt des BII gebaut.

Das Instrument nannte ich ‚Replicator'. Ein Patent dafür wurde angemeldet. Die Arbeit hat grosses Echo hervorgerufen. Der Erste, der sich meldete mit der Bitte, solch einen Replicator zu erwerben, war eben Dick Dutton, damals noch in Kalifornien. Ich habe von ihm im EMBO-Kurs in Frankfurt viel gelernt. Jetzt hatte ich die Gelegenheit, mich erkenntlich zu zeigen. Der Replicator in seinem Labor war die beste Referenz für meine eigene Arbeit. Dutton war der ‚Fortgeschrittene', ich der ‚Anfänger'.

Es gab unzählige Variablen für die Anwendung der Mikrokulturen. Dass man simultan 60 Kulturen ansetzen konnte und auch simultan analysieren konnte, war sehr zufriedenstellend. Die Poisson-Statistik war kein Allgemeingut unter den Immunologen der siebziger Jahre. Die Vorstellung, dass es die negativen Kulturen (d. h. die ‚non-responding'-Kulturen) sind, die Information enthalten über die Anzahl der ‚reagierenden' Zellen, musste man erst rational begründen. Innerhalb des Instituts konnte ich mich diesbezüglich gut verständlich machen. Auch über die Darstellungen als ‚negative logarithm of non-responding cultures'. Mit dem Zeitabstand sehe ich, dass in täglichen Kontakten ein gewisses ‚Brainwashing' stattgefunden hat. Ich war derjenige, der bei den Kollegen ein Verständnis-Tuning in Gang gesetzt hat.

Mein erster Mitarbeiter, José Quintans, hat mit der Poisson-Statistik keine Mühe gehabt. Wir haben uns auf Anhieb verstanden. Mit José kam ich viel schneller voran und die Methode zur Schätzung der Häufigkeit im Mikrokultursystem konnte ich verfeinern."

Das Institut war robust und vielfältig genug und auf unterschiedliche Sichtweisen vorbereitet, so dass auch quantitative Aspekte der Immunantwort ernsthaft diskutiert werden konnten. Die Atmosphäre war auch deshalb günstig, weil zwei prominente Mitglieder, Niels Jerne und Charley Steinberg, die quantitative Denkweise unterstützten. Bei allen Veröffentlichungen von Lefkovits war die Kritik von Steinberg erwünscht

Das Institut für Immunologie in Basel ist eine modernst eingerichtete Grundlagenforschungsstätte, in der Spitzenwissenschaftler aus vielen Ländern Immunophänomene untersuchen. Arbeitssprache in dieser internationalen Forschungsstätte ist Englisch. Das Institut ist eine private Forschungsstätte, die vom Mäzenatentum der Firma Hoffmann La-Roche in Basel finanziert wird.

In einer Abteilung des Institutes untersuchen die Gruppen von Prof. Ceppellini und Dr. Miggiano, in welcher Weise 2 Sätze von Chromosomen in Maus-Mensch-Hybridzellen interferieren. Hier ein halbautomatisches Gerät zur Kollektion von solchen Mikrokulturen beim Einfüllen der Kultur, um deren Radioaktivität (Tritium) und damit die Stimulation der sogenannten MLC (mixed lymphocyte culture) zu messen. Hierzu ist die Frage entscheidend, was ist Inkompatibilität und wie erkennt man die Reaktion. ▶

Zahlreiche hochspezifische immunologische Probleme werden Schritt für Schritt von verschiedenen Arbeitsgruppen im Institut für Immunologie in Basel untersucht. Für die Internationalität dieser Wissenschaft und der Zusammensetzung des Institutes spricht das Vielsprachengemisch, das man bei einem Rundgang durch das Haus hören kann, aus dem wir einige Schlaglichter auf diesen Seiten zeigen. Da sprechen einige Wissenschaftler untereinander italienisch und man erfährt später, daß es sich um eine Forschergruppe aus Turin handelt. Andere sprechen spanisch, schwedisch oder tschechisch, ab und zu einmal deutsch. Offizielles Kommunikationsmittel ist die englische Sprache.

Der Immunantwort auf der Spur

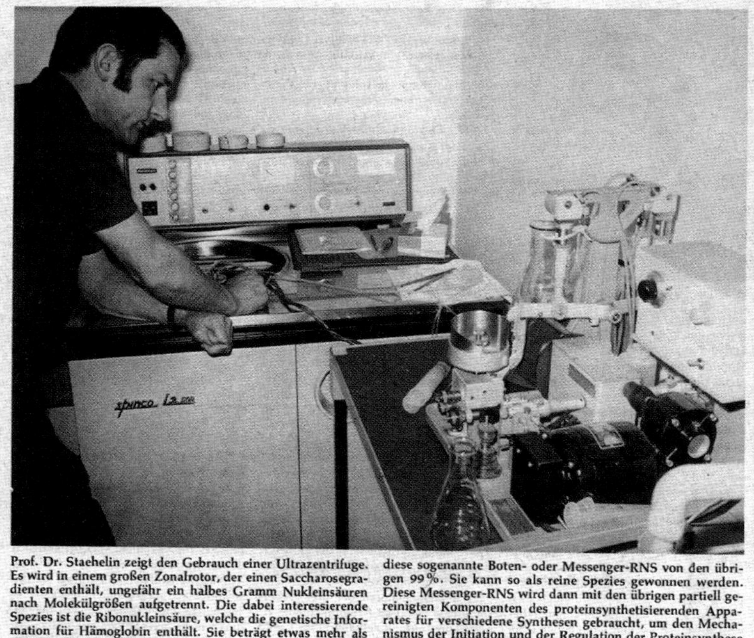

Prof. Dr. Staehelin zeigt den Gebrauch einer Ultrazentrifuge. Es wird in einem großen Zonalrotor, der einen Saccharosegradienten enthält, ungefähr ein halbes Gramm Nukleinsäuren nach Molekülgrößen aufgetrennt. Die dabei interessierende Spezies ist die Ribonukleinsäure, welche die genetische Information für Hämoglobin enthält. Sie beträgt etwas mehr als 1% der gesamten Nukleinsäuren. Die Zentrifugation trennt diese sogenannte Boten- oder Messenger-RNS von den übrigen 99%. Sie kann so als reine Spezies gewonnen werden. Diese Messenger-RNS wird dann mit den übrigen partiell gereinigten Komponenten des proteinsynthetisierenden Apparates für verschiedene Synthesen gebraucht, um den Mechanismus der Initiation und der Regulation der Proteinsynthese in höheren Organismen zu studieren.

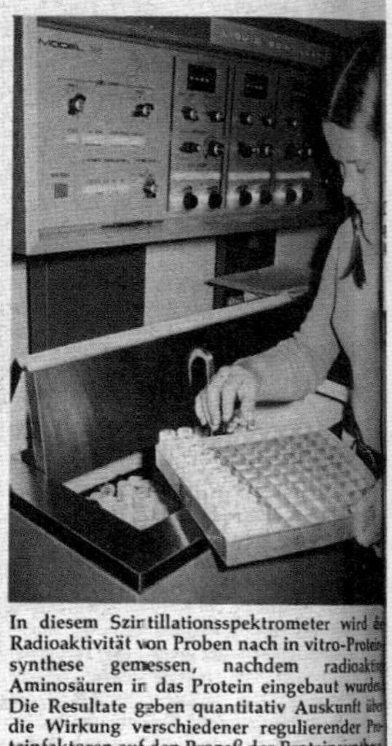

In diesem Szintillationsspektrometer wird die Radioaktivität von Proben nach in vitro-Proteinsynthese gemessen, nachdem radioaktive Aminosäuren in das Protein eingebaut wurden. Die Resultate geben quantitativ Auskunft über die Wirkung verschiedener regulierender Proteinfaktoren auf den Prozeß der Proteinsynthese. Die Fragen der spezifischen Regulation der Proteinsynthese auf der Ebene der Translation sind bis heute unbeantwortet. Sie können nur experimentell geklärt werden, wenn man definierte zellfreie Systeme schafft für die Translation von isolierter Boten-Ribonukleinsäure, die identifizierbare Proteine kodiert. Der Mechanismus der Initiation der Polypeptid-Ketten-Synthese ist offensichtlich der wichtigste Schritt der Translation, wo eine Regulierung einsetzen kann.

Nr. 23 / Freitag, 9. Juni 1972 Medical Tribune 17

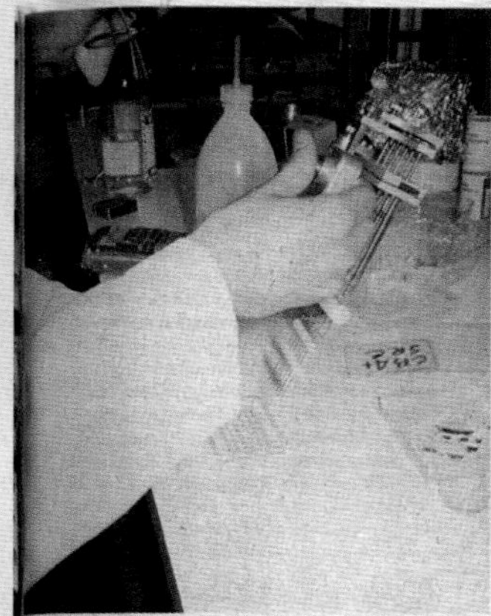

Den Mechanismus und Verlauf der Immunantwort in definierten Lymphozytenzellkulturen untersucht Dr. Ivan Lefkovits im Institut für Immunologie Basel. In einem Mikrokultursystem, das er selbst entwickelt hat, will er quantitativ herausfinden, wie viele Zellen potentiell durch ein Antigen stimulierbar sind. Zu diesem Zwecke wird in 60 kleinen Gefäßen je 0,01 ml Lymphozytensuspension mit einem definierten Antigen, nämlich Schaferythrozyten, stimuliert. Es befinden sich dann etwa 2×10^5 Lymphozyten jeweils in einer dieser Mikrokulturen.

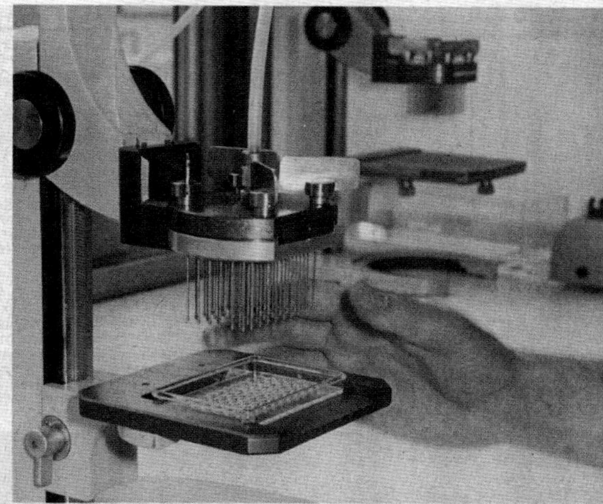

Nach 4 Tagen werden mit Hilfe dieses Saugnadelapparates ungefähr 0,002 ml aus jeder Mikrokultur herausgesaugt.

Die während der 4 Tage synthetisierten Antikörper werden nun qualitativ und quantitativ geprüft, indem die Mikroproben auf eine das Antigen enthaltende Agarplatte gegeben werden.

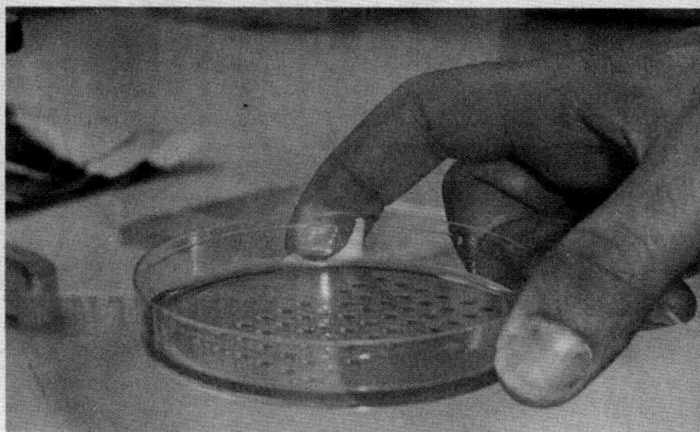

Somit wird auf dieser Agarplatte simultan jede Mikrokultur auf ihre hämolytische Aktivität (=Antikörperproduktion) untersucht.

MEDICAL TRIBUNE
BILDBERICHT

Die Lymphozyten für diese Experimente werden aus der Milz von sogenannten Nude-Mäusen gewonnen. Diese Mäuse haben keinen Thymus. Somit kommt eine definierte Gruppe von Lymphozyten, nämlich die, die nicht aus dem Thymus, sondern aus dem Knochenmark stammt, zur Untersuchung. Dies hat den enormen Vorteil, daß Lymphozyten vom Thymus oder deren Produkte, die zur Hilfe in der Immunantwort gebraucht werden, von anderen Mäusen gewonnen und je nach Versuchsanordnung in der gewünschten Menge zugegeben werden können. ▼

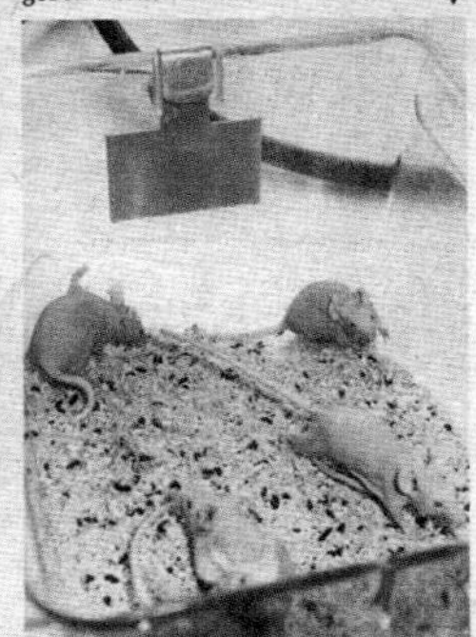

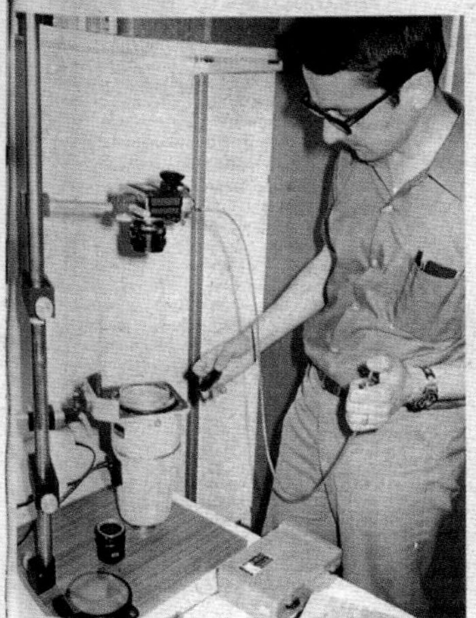

◄ Positive Proben der Originalmikrokulturen werden durch einen hämolytischen Hof in der Agarplatte sichtbar und können im durchfallenden Licht leicht fotografiert werden.

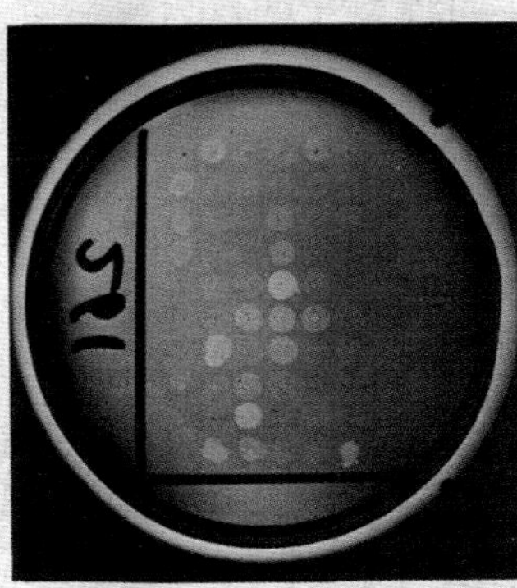

Hier zeigt sich deutlich bei der Durchleuchtung der Petrischale, daß nur eine bestimmte Anzahl der auf die vielen Mikrokulturen verteilten Lymphozyten Antikörper gebildet hatten.

Abb. 27 Artikel über das Institut in Medical Tribune (1971).

und ausschlaggebend. Denn Charley Steinberg war von Jerne wegen seines kritischen Geistes als eine Art „intellektueller Wachhund" eingesetzt worden.

Es gab Missverständnisse mit einigen Besuchern. Nachdem Lefkovits einem Besucher die Bedeutung der Anzahl „negativer" Kulturen erklärt hatte, bemerkte dieser bei der Verabschiedung wohlwollend, dass er zuversichtlich sei, dass die Schwierigkeiten bald überwunden werden können und dass alle Kulturen positiv sein werden.

Lefkovits schildert seine Forschung: ***„Die Häufigkeit von spezifischen Zellen wurde mit Hilfe der Poisson-Statistik berechnet. José Quintans hat sich enorm schnell die Routine der Gewebekulturen angeeignet und hat ab dem ersten Tag in meinem Labor eine völlig unabhängige Arbeit geleistet. Wir waren die Ersten, die die so genannten ‚nude mice' nutzen konnten. Damit hatten wir eine ‚reine' Quelle der B-Zellen in der Hand und brauchten diese nicht erst durch Trennung der Zellenpopulationen zu gewinnen. Ein Mausstamm mit einer speziellen Mutation, die die Entwicklung des Thymus blockiert, gab uns die Möglichkeit, B-Zellen ohne den Einfluss von T-Zellen zu untersuchen."***

Wenn Lefkovits von „nackten" Mäusen und „reinen" B-Zellen spricht, muss man wissen, dass es eher selten vorkommt, dass bei Versuchstieren eine so krasse Mutation entdeckt wird, dass ein ganzes Organ fehlt und das Tier trotzdem lebensfähig bleibt. In diesem Fall war es ein griechischer Wissenschaftler namens Pantelouris[37], der in Glasgow arbeitete und der diese Mutation entdeckte, die zum Fehlen des Thymus führte. Jörgen Rygaard arbeitete mit Lefkovits zusammen, um die Eigenschaften der „nackten" Mäuse zu beschreiben. Rygaard und Lefkovits organisierten in den folgenden Jahren mehrere gemeinsame Symposien. Während die Arbeit mit dem „Maus-Modell" unter Anwendung verschiedener Modifikationen gut vorankam, blieb der strenge Nachweis der Klonalität der B-Zell-Kulturen offen.

Lefkovits: ***„Es war ziemlich einleuchtend, dass die B-Zellen – in einer Verdünnung, in der man in einer Mikrokultur nur eine spezifische B-Zelle vermutet – je einen Klon bilden. Der Klon war nicht nur durch Positivität im Spottest darstellbar, sondern auch in der PFC-(plaque-forming cells) Darstellung."***

Viele clevere Kollegen meinten: ***„Ivan, dein so genannter Beweis basiert auf der Annahme, dass in der positiven Kultur du tatsächlich nur eine spezifische B-Zelle hast und meinst, dass dem so ist, weil die ‚anderen' Kulturen negativ sind, d. h. keine spezifischen B-Zellen enthalten. Doch wir wissen, dass man für ein B-Zellen-‚response' T-Zellen braucht, Makrophagen und vielleicht andere ‚accessory'-Zellen. Fehlt eine der Zellen, kommt die Immunantwort nicht zu Stande, auch dann nicht, wenn mehrere spezifische B-Zellen in der Kultur vorhanden sind."***

Doch es kam zu einem „klonalen Beweis", und zwar durch eine besonders interessante Zusammenarbeit mit Ben Pernis und Alma Luzzati. Ben Pernis war ein permanentes Mitglied des Instituts und ein guter Freund schon von der Stunde „Null" des Instituts an. Alma Luzzati beherrschte verschiedene methodische Versuchsanordnungen, unter anderen die „in vitro"-Immunisierung der peripheren Blutlymphozyten von Kaninchen.

37 E. M. Pantelouris, 1968, Absence of thymus in a mouse mutant. Nature 217, S. 370.

„Es gibt einen Kaninchenstamm, der einen Marker auf dem Immunoglobulinmolekül trägt, der ‚sichtbar' machen lässt, welches Chromosom verwendet wird. Es handelt sich um den so genannten ‚allelic-exclusion' (Allel-Ausschluss ist ein Prozess, bei dem nur ein Allel eines Gens exprimiert wird, während das andere zum Schweigen gebracht wird). Der Nachweis der Klonalität wurde durch die Feststellung der Homogenität des Produkts erbracht."

Das Jahr 1974 war sowohl für das Institut insgesamt erfolgreich wie auch für die meisten Arbeitsgruppen des Instituts. Der erste Internationale Kongress der Immunologie in Washington D.C. wie auch der zweite Kongress in Brighton waren eine gute Plattform für die Präsentation der Ergebnisse, die im Institut erreicht wurden.[38] (Auf die Internationalen Kongresse der Immunologie, die ab 1971 im Dreijahreszyklus weltweit stattfanden, und die Beteiligung der BII-Wissenschaftler daran soll weiter unten ausführlicher eingegangen werden.)

Dies galt auch für Lefkovits, der rechtzeitig zum Kongress eine aufwendige Recherchearbeit über die „Vorbestimmung" (precommitment) der Immunzellen veröffentlichte.

Lassen wir ihn wieder selbst zu Wort kommen: *„Alle bisherigen Experimente unseres Labors waren kompatibel mit der Annahme, dass die Zellen des Immunsystems vorbestimmt sind, um eine Spezifität zu exprimieren. Doch dies war nicht als Allgemeingut bekannt. Andere Erklärungen gab es noch zuhauf. In einer gründlichen Recherche habe ich die Argumente zusammengefasst und die ‚Precommitment These' unterstützt."*

Er fährt fort: *„Seit der erfolgreichen Züchtung von thymuslosen Mäusen (nude mice) konnten wir unsere Experimente auf die B-Zellen ausrichten. Wir hatten standardisierte Stimulierungssysteme mit verschiedenen Antigenen und beabsichtigten eine ganze Palette von Antigenen und Mitogenen zu testen. Wir konnten auf verschiedene experimentelle Protokolle zurückgreifen, die in anderen Labors am BII bereits etabliert waren – unter anderem verschiedene ‚polyklonale Aktivatoren' wie Lipopolysaccharid (LPS), die Pokeweed Mitogen (PWM) nutzen.*

In unserem Labor war Jernes' ‚plaque-forming cell test' etabliert, wie auch in vielen anderen Labors des BII. Aber für die Auswertung der Mikrokulturen haben wir meistens den in unserem Labor entwickelten ‚spot test' verwendet. Dieser wertet die Ergebnisse ‚binär' (ja/nein) aus. Wie bei der Poisson-Auswertung zu erwarten, definiert der Anteil negativer Kulturen die Häufigkeit der Zellen. Die Häufigkeit kann direkt aus dem semilogarithmischen Plot abgelesen werden. Ob die einzelnen Mikrokulturen eine starke, weniger starke oder schwache Immunantwort ergeben, wird nicht berücksichtigt – es zählt nur ‚positiv' oder ‚negativ'. Bei den positiven Kulturen wollten wir den bisher nicht gemessenen Parameter der Klongröße ermitteln. Die durchschnittliche Klongröße lag bei etwa 80 PFC und wurde in verschiedene Modelle integriert.

Das Konzept der T-B-Zell-Kooperation hatte Auswirkungen auf die Ausrichtung der experimentellen Protokolle. Es musste geklärt werden, ob ein physischer Kontakt zwischen B- und T-Zellen erforderlich ist oder ob dies durch lösliche Mediatoren erfolgen kann. In jedem Fall musste sichergestellt werden, dass in jeder Mikrokultur eine ausreichende Anzahl spezifischer B-Zellen und eine begrenzte Anzahl von T-Zellen vorhanden waren.

---

38 Zu den Internationalen Kongressen der Immunologie siehe weiter unten S. 102ff.

Im in vitro Antiphosphorylcholin-Stimulationssystem konnten die mittlere Klongröße, der Median und andere Parameter bestimmt werden. Es konnten Aussagen über die Bedingungen der zellulären Kooperation gemacht werden. Die Methodik der Antiphosphorylcholin-Stimulation hat Humberto Cosenza eingebracht.

Obwohl die Häufigkeitsschätzung (estimation of frequency) unser Labor weiterhin beschäftigte, wollten wir wissen, ob die Größe der B-Zell-Klone von der Stärke des T-Zell-Signals abhängt. Dies war die letzte Frage, an der José Quintans in unserem Labor arbeitete, bevor er nach Chicago ging.

Die Zusammenarbeit mit Alma Luzzati wurde erweitert, indem Dietmar Braun, ein Spezialist für Streptokokken-Polysaccharide, seine Analytik mit Luzzatis PBL-System und unseren Mikrokulturen kombinierte. Daraus resultierten Erkenntnisse, die unsere Befunde wesentlich erweiterten.

Nachdem der australische Immunologe Jonathan Sprent Mitglied unseres Instituts geworden ist, hat sich eine erfreuliche Zusammenarbeit entwickelt, bei der sein ‚Know-how' über die Zellen des Thoraxdrainagekanals genutzt wurde.

Die Zusammenarbeit mit Cambridge (nicht nur H. Waldmann, sondern auch A. Feinstein, A. Munro, H. Pope) konzentrierte sich auf die Frage, ob eine einzelne Helfer-T-Zelle Signale an mehrere Zellen senden kann.

Obwohl wir die Häufigkeit der Zellen, die auf eine Stimulation reagieren, ziemlich genau bestimmen konnten, war diese ‚Genauigkeit' trügerisch, da anscheinend nicht alle Zellen sich in einem Stadium der Stimulierbarkeit befinden. Mit anderen Worten, es gab Untergruppen, die selektiv mit einigen Zellen kooperieren und mit anderen die Kooperation ‚verweigern'. Damit waren wir von einfachen Betrachtungen zu einer neuen Komplexität gelangt. Diese Komplexität haben wir viel später als Alakrität (alacrity) definiert.

Wir haben versucht, unser Mauszellen-Mikrokultursystem auf andere Spezies auszudehnen. Dies war nicht sehr erfolgreich, aber mit menschlichen Tonsillen und Hühnermilzzellen konnten zumindest die Grundvoraussetzungen geschaffen werden. Die Arbeit mit Tonsillen wurde von Zigmund Baumöhl aus Effretikon getätigt, einem alten Bekannten noch aus Prešov.

Für die Untersuchung der Häufigkeit spezifischer Zellen und der frühen Phasen der Immunantwort war das Kaninchenmodell von Dietmar Braun hervorragend geeignet. Dies gilt sowohl für die Aktivierung von B-Zellen als auch von T-Zellen. Mit unserem Gast Vagn Andersen und mit Michael Pawlita konnten wir feststellen, dass die B-Zellen sich zunächst vermehren, ohne die Maschinerie der Antikörperbildung einzuschalten, und dann eine lange Phase der IgM-Produktion aufrechterhalten.

Ein besonders interessantes Ereignis ergab sich aus einer freundschaftlichen Diskussion mit meinem Kollegen Ron Corley. In unserem Labor verwendeten wir ‚allogene' Zellen als eine Quelle für ‚Helfer'-Aktivität in unserem Mikrokultursystem. Ron behauptete, dass die Zugabe von allogenen Zellen (in seinem System) keine Helferaktivität liefert. Die Antikörperbildung ist ausgeblieben. Ich schlug ihm vor, eine um eine Größenordnung geringere Anzahl von Zellen zu verwenden. Ich habe behauptet, dass seine allogenen Zellen eine Mischung aus Helferzellen und Suppressorzellen sind. Mit einem breiten Lächeln verlor Ron die Wette und eine lange Zusammenarbeit in unserem Limiting Dilution System begann.

Suppressorzellen hatten einen schlechten Ruf: In der Tat ‚verseuchten' viele nicht reproduzierbare Ergebnisse die wissenschaftliche Literatur der achtziger Jahre. Aber es gab prominente Vertreter der ‚Existenz' von Suppressorzellen (Harald von Boehmer, Herman Waldmann). Ein langjähriges Mitglied des BII, den ich noch in Frankfurt kennen und schätzen gelernt habe, widmete sich den Anfängen der Antikörperinduktion. In fruchtbarer Zusammenarbeit konnten wir die suppressive Wirkung der Zellen beschreiben.

Mit Herman Waldmann haben wir eine Diskussion über die Möglichkeiten geführt, die die LDA bietet.

Unser Labor konnte einen besonders qualifizierten Mitarbeiter gewinnen: Lucien Aarden, der vom CLB Amsterdam kam und an mehreren Projekten mitarbeitete, sowohl an der Definition der so genannten ‚helper T-cell-replacing factors' als auch an zellulären Projekten, einschließlich der Definition der Suppressorzellen.

Einige Aspekte allogener Zellen sind schwierig zu handhaben. Die wichtigste Eigenschaft dieser Zellen ist, dass sie in der Lage sind, eine abnorme zelluläre Interaktion einzugehen. Das normalerweise notwendige Andocken an die B-Zelle (das bei einer normalen syngenen Immunantwort strikt eingehalten wird) wird unterbrochen und stattdessen wird an eine Histokompatibilitätsstruktur angedockt. Langjährige Kollegen und Freunde des Instituts (Susi Swain, Richard Dutton) haben in unserem Labor ein kurzes Projekt initiiert, in dem die Allogenität genau (genetisch) definiert wurde.

Wir hatten das Vergnügen, ein Sabbatical Member, Robert E. Anderson, in unserem Labor begrüßen zu dürfen. Bob interessierte sich für die Auswirkungen der so genannten ‚low dose irradiation'. Alles, was mit Bestrahlung zu tun hatte, war in den USA ein heikles Thema (wegen Hiroshima). Unser Labor hingegen war offen für alle Aspekte, die die Immunantwort verändern. Tatsächlich veränderte die Bestrahlung der Zellen die ‚preparedness' der Zellenpopulation für die Immunantwort. Dies war mit dem Modell der ‚Alacrity' voll vereinbar.

Wir haben jahrelang mit Ron Corley zusammengearbeitet und viel Arbeit investiert, um auszuschließen, dass die suppressive Aktivität mit dem Konzept ‚too much help is suppression' erklärt werden kann. Eine Reihe von Modellen wurde entwickelt, die viel später zur Hypothese der ‚Alacrity' führten.

Einige zelluläre Interaktionen erfordern direkte Zell-Zell-Kontakte, andere können durch lösliche Faktoren vermittelt werden. Inzwischen ist klar, dass die Zahl dieser molekularen Mediatoren (heute Zytokine, Interleukine genannt) sehr groß ist. Als das Wissen noch bescheiden war, haben wir in unserem Labor lösliche T-Zell-Produkte hergestellt und untersucht.

Die Heterogenität der Faktoren ist für die Zell-Zell-Interaktion von großer Bedeutung. Die Zellen unterscheiden sich nicht nur im spezifischen Produkt (Antikörper), sondern auch in den Signalen, die sie sezernieren.

Wir wussten, wie eine Immunantwort abläuft in Mäusen, denen T-Zellen fehlen (nude mice). Wir erhielten aus Asofskys Labor die Gelegenheit, die andere Seite der Münze zu untersuchen, d. h. wie läuft die Immunantwort ab in Mäusen, die keine B-Zellen haben.

Es wurde ein einfaches Projekt durchgeführt, bei dem das Kulturmedium für die in vitro-Bildung von Antikörpern systematisch für jede der 20 Aminosäuren (die für die Proteinsynthese notwendig sind) verändert wurde. Die Ergebnisse wurden dann zur Interpretation der Alakrität (alacrity) verwendet.

Eine neue Ära der Analyse des Immunsystems begann mit der Anwendung der 2D-Gelelektrophorese. Dies war der Beginn der Proteomanalyse. Der Begriff ‚Proteomik' wurde erst viel später geprägt (und dementsprechend sind viele Publikationen über Proteomik nicht unter dem Begriff ‚Proteomik', sondern unter ‚2D-Gel-Elektrophorese' zu finden). Die Pioniere der sogenannten ‚large scale two-dimensional ISODALT gel electrophoresis' waren Norman und Leigh Anderson.

Es wurden die gleichen Zellsysteme, die vorher in der ‚Limiting dilution analyse' untersucht waren, jetzt in 2D-Gel-Format dargestellt. Die Auswertung wurde im direkten Vergleich der ‚Spot-Koordinaten' in jeweiligen Gelpaaren durchgeführt. Erst später kam die ‚computer image analysis' dazu. Die ersten Vergleiche galten B- und T-Zellen unter verschiedenen Stimulationsbedingungen.

Eine der ersten Computeranalysen war der Vergleich von optischen Scans von Gelen mit einer Auflösung von 1700 x 1700 Punkten, die in Basel durchgeführt und im Laboratoire d'Electronique et de Technologie de l'Informatique, (Grenoble, Frankreich) visualisiert wurden.

Die Proteomanalyse erforderte eine erneute Kalibrierung aller getesteten Parameter, bot aber auch die Möglichkeit der Zellmarkierung in intakten Mäusen (in vivo labelling) mit anschließender Analyse der entnommenen Zellen.

Durch den Vergleich der Proteinmuster nach der biosynthetischen Markierung der Zellen konnten wir die Unterschiede auf der molekularen Ebene präzise definieren.

Die neu etablierte Proteomanalyse hat erhebliche Ressourcen unseres Labors gebunden, aber die LDA-Experimente gingen weiter. Es ging nicht mehr darum, die Häufigkeit der beteiligten Zellen zu bestimmen, sondern um die Auswirkungen anderer Zelltypen (Peritonealzellen) und um die Auswirkungen von Zellen aus immunisierten Mäusen, die in vitro Helfer- oder Suppressoraktivität zeigen (dies wurde in Zusammenarbeit mit dem Labor von Rob Benner in Rotterdam durchgeführt).

Die LDA war von Anfang an auf die Messung der Zellhäufigkeit ausgerichtet. Ein Zelltyp – der gemessene – wurde als ‚limitierend' angesehen und andere notwendige Zellen mussten im Überfluss vorhanden sein. Nur so waren ‚negative' Kulturen aussagekräftig. Als sich die Möglichkeit ergab, einzelne Phasen der Immunantwort getrennt darzustellen, z. B. die Phase der Zellvermehrung ‚Proliferation' von der Phase der Reifung 'Maturation' zu trennen, wurde die Auswertung angepasst. Diese Vorgehensweise haben wir als ‚Partitionsanalyse' bezeichnet.

Die Studien über die Funktion der allogenen Zellen wurden fortgesetzt.

Der Einstieg in die Proteomik (in der Fachwelt noch nicht Proteomics genannt) erforderte auch die Einführung neuer Auswertungsmöglichkeiten. Es entstanden große Matrixtabellen, für die einfache Korrelationen nicht mehr aussagekräftig waren. Wir entwickelten eine Methode der ‚Principal Component Analysis', die unter anderem eine objektive Klassifizierung der Zellen des Immunsystems ermöglichte. Diese Arbeit kam mehrheitlich in Grenoble zustande.

Wir haben die Proteomik für Studien an Hühnerembryonen eingesetzt. Die ‚Ig light chains' werden in der Bursa bereits am Tag 15 der Embryonalentwicklung gebildet. Dies und die Häufigkeit der Idiotypen wurde untersucht. Olli Lassila war massgebend für die Arbeiten mit Hühnerembryos.

Abb. 28: Ivan Lefkovits im Elektrophorese-Labor

Die Untersuchung der molekularen Details mittels 2D-Gelanalyse ermöglichte die Identifizierung der biosynthetisch markierten Qa-2-Antigene durch Immunpräparation mit Anti-Qa-2-Antiseren. Es handelt sich um grundlegende Moleküle in der Histokompatibilitätsforschung. Diese Arbeit kam aus dem Labor von Kerstin Fisher-Lindahl.

Ursprünglich haben wir die Proteomik nur für die Analyse des Immunsystems eingesetzt. Aber überall dort, wo ‚unbekannte' Unterschiede auftraten, wie zum Beispiel bei den HIV-I-Proben, konnten wir diese Unterschiede durch den Einsatz von 2D-Gelsystemen präzisieren. Die Arbeit mit H-9-Zellen hat R. A. Robinson aus Dallas angeregt.

Das zweidimensionale Muster der Gele ermöglichte die Darstellung der Proteinbestandteile (der Zellen) durch Färbung (Coomassie-Blau oder Silberfärbung) oder durch Markierung und anschließende Autoradiographie. Diese Arbeit hat meine Laborantin Lotte Kuhn selbstständig durchgeführt.

Der Einstieg in die subzelluläre Analyse aktivierter T-Lymphozyten wurde durch die Identifizierung verschiedener mRNA-Spezies erreicht. Die wichtigste Person in diesem Projekt was Chris Coleclough aus Memphis.

Große Anstrengungen wurden unternommen, um eine Proteinpedia und einen Genkatalog zu erstellen. Dieses Projekt konnte aufgrund der damaligen Computermöglichkeiten nur ‚skizzenhaft' angegangen werden. Mit Hilfe der künstlichen Intelligenz wird es hoffentlich gelingen, die Arbeit fortzusetzen. Wir haben eine repräsentative ‚cDNA library' der Proteine aus T-Lymphozyten erstellt und deren Produkte mittels 2D-Gelelektrophorese analysiert. Anschließend haben wir eine ‚ordered cDNA library' mit mehreren tausend Genklonen erstellt und Koordinatenpools (x, y, z) der 2D-Gelanalyse unterzogen. Jedem Genprodukt wurde eine eindeutige Adresse für die Extraktion aus dem Pool zu-

gewiesen. Zur Veranschaulichung kann man sich die von uns erstellte Sammlung wie eine Adresssammlung von Manhattan mit Avenues (x), Streets (y), Floors (z) vorstellen. Auf diese Weise haben alle cDNA-Klone eindeutige Adressen.

Mit Jack Kettman und Gerry Hoot (Dallas Labor) haben wir Polyoma-induzierte Thymus-Epithel Tumore proteomisch untersucht.

In Zusammenarbeit mit George Wick aus Innsbruck haben wir proteomisch das Autoimmune-thyroiditis in Hühner untersucht.

Mit der Arbeitsgruppe von Du Pasquier haben wir proteomisch die Heterogenität der leichten Ketten in Xenopus untersucht.

Zusammen mit Hana Kovarova aus Tschechien haben wir intrazelluläre bakterielle Infektionen proteomisch untersucht, und am Ende dieser Zusammenarbeit (zehn Jahre später) entstand die Arbeit über die Phosphorylierung von Proteinen.

Wir untersuchten zusammen mit Geertje La Riviere aus Amsterdam Subsets von Proteinen mit metastatischem Potential.

Zusammen mit Carlos Pereira vom Butantan Institut, Sao Paolo, und M. Modolell aus Freiburg i. Br. haben wir Proteinmuster in 2D von virusinfizierten Leberzellen und in Makrophagen erstellt.

Mit Lourdes Dominguez-Gerpe wurden die Auswirkung von Stress an Proteinexpression untersucht. Mit Desider Grunberger von der Columbia University, N.Y., wurde die Proteomik von Fibroblastenzellen aus Rattenembryonen durchgeführt. Mit Paolo Truffa-Bacchi aus Paris wurde Proteomanalyse von Cyclosporin behandelten T-Zellen durchgeführt.

Die ‚freien Ribonukleoproteinpartikel (mRNP)' wurden in Zusammenarbeit mit Jose Garcia-Sanz mit ribosomal gebundenen Transkripten verglichen. Mit Francesca Levi aus Israel wurde die Proteomik der menschlichen Eosinophilen durchgeführt.

Mit Hansruedi Brenner (Physiologie-Institut Uni Basel) haben wir die Proteomanalyse von sekretierten Muskelkomponenten durchgeführt.

In Zusammenarbeit mit Serei Sukharev (Moskau) haben wir die proteolytische Aktivität von Neutrophilen untersucht. Mit Roald Nezlin (Rehovot, Israel) wurden proteomische Untersuchungen des Immunglobulinrepertoires von Milzzellen durchgeführt.

Die Analyse von subzellulären Organellen wurde in Zusammenarbeit mit dem Labor von Jean Pieters durchgeführt. Eine Reihe weiterführender Projekte um die molekulare Zusammensetzung der einzelnen Proteine während der Thymusdifferenzierung wurden in Labor 12 abgeschlossen. Die Verknüpfung von Proteom-, Transkriptom- und Genomdaten wurde mit Chris Coleclough (Memphis) und Jack Kettman (Dallas) erarbeitet."

Nicht nur Wissenschaft: Alltag, Kultur, Feste am BII

Der siebzigste Geburtstag Jernes fiel zusammen mit dem zehnjährigen Jubiläum des BII. Es galt für die Mitarbeitenden ein grosses Festereignis zu organisieren. Dazu gehörte ein wissenschaftliches Symposium, eine Konferenz über Idiotypen und – überraschenderweise – eine Ballettvorführung der Mitarbeiter am Basler Theater. Das „Stammzellen-Ballett" wurde von Chris und Colleen Paige, Maria Leptin und weiteren choreografiert und von 38 Mitgliedern des Instituts aufgeführt. Lefkovits trat als T-Helferzelle in weissem Kostüm und rotem Kreuz auf die Bühne, gemeinsam mit einer Makrophage, einer T-Lymphozyte und einem Antigen. Selbst ein „Tanz der Zellen" wurde aufgeführt.

Am Institut stiegen viele Parties und natürlich auch privat unter den Mitgliedern zu allen möglichen Anlässen – Geburtstage oder die Annahme einer Publikation in „Nature", und nach einiger Zeit auch „good bye parties".

Eine Party war der Vorläufer für die späteren Theateraufführungen. Es war eine Aufführung zum 65. Geburtstag von Niels Jerne. Für Jerne eine Überraschung mit einem fiktiven Geschenk, einem riesigen Paket, dessen Inhalt fünf Freunde aus vergangenen Zeiten waren (Claudia Henry, Gunther Stent, Eberhardt Weiler, Werner Reichardt, Klaus Rajewsky).

Der Erfolg dieses Abends beflügelte die Talente einiger Institutsmitglieder und es folgten weitere Theateraufführungen. Jede Aufführung wurde von Texten begleitet, die sich auf das fiktive BTA (Basel Theater of Arts) bezogen. Die Texte wurden zu

Abb. 29: Ballett „Stammzellen" des Immunsystems.

einer eigenen literarischen Gattung, die mit ihren Anspielungen, Übertreibungen und ironischen Zuspitzungen bei den Institutsmitgliedern großen Anklang fand. Die Texte entstanden spontan während der Proben.

Lefkovits war an zweien dieser Aufführungen beteiligt. Die erste war „Schneewittchen und die sieben Zwerge“ (1977), die zweite „Das Stammzellenballett“ (1981).

Wissenschaftsjournalisten von der renommierten Zeitschrift „Nature“ reisten an und berichteten über das Ereignis.

Hoher Besuch hatte sich 1981 angekündigt. Diesmal nicht aus der wissenschaftlichen Community des Westens, sondern aus dem Osten. Genauer: der Sowjetunion. Das war nun eher ungewöhnlich, denn der Eiserne Vorhang verhinderte die Kommunikation der Wissenschaften fast vollständig. Nur sehr hochrangige und absolut zuverlässige Wissenschaftler durften in den Westen reisen. In diesem Fall bestand die sowjetische Delegation aus dem Kardiologen Jewgeni Iwanowitsch Tschasow, dem Biochemiker Wladimir Nikolajewitsch Smirnow sowie dem Forschungschemiker M. I. Titow und dem Pharmakologen G. Ya. Bakalkin. Tschasow war der führende Kardiologe der UdSSR und ausserdem stellvertretender und danach amtierender Gesundheitsminister des Landes. Er behandelte die politischen Führungspersönlichkeiten wie Breschnew, aber auch Künstler, Schriftsteller und Musiker wie Schostakowitsch oder Oistrach. Seine Anerkennung, etwa für sein neues System der Behandlung von Herzinfarkt-Patienten, reichte auch in den Westen.

Smirnow war Direktor eines Instituts für Experimentelle Forschung in Moskau. Über die beiden andern ist nichts weiter bekannt.

Die Absicht ihres Besuchs war wohl, Pharmaforschung und Produktion in der Schweiz kennenzulernen. Aus diesem Grund besuchten sie zuerst die Sandoz AG, bevor sie sich im BII einfanden, wo sich Lefkovits zu einer Führung bereit erklärt hatte. Für ihn nicht ganz unproblematisch, da er ja aus einem Land des „realen Sozialismus“ stammte und froh war, es verlassen zu haben. Es war die Zeit, als sich in Polen eine unabhängige Gewerkschaft namens Solidarnosc gegründet hatte und den Alleinvertretungsanspruch von kommunistischer Partei und kommunistischer Gewerkschaft in Frage stellte. Lefkovits konnte nicht umhin, sich eine kleine Provokation zu gestatten: An seinem Revers prangte als Sticker das Symbol der Solidarnosc. Doch die Reaktion der sowjetischen Besucher fiel völlig unerwartet aus. Nach einer halben Stunde zog ihn Prof. Smirnow zur Seite: ***„Lieber Herr Lefkovits, ich hätte an Sie eine grosse Bitte. Wir können hier im Westen alles haben, aber so ein Abzeichen sicher nicht. Es wäre für mich eine besondere Sache, wenn Sie mir das Abzeichen schenken würden – für meinen Sohn.“*** Er bekam seinen Wunsch erfüllt.

Als im Jahr 1981 Jernes siebzigster Geburtstag anstand, war es klar, dass eine ihm gewidmete Festschrift erscheinen musste. Die Vorbereitungen dazu begannen bereits zwei Jahre zuvor und es waren Charley Steinberg und Ivan Lefkovits, die das Projekt in die Hand nahmen. Jerne wäre wohl mit einer bescheidenen Hommage zufrieden gewesen, doch sein bedeutender wissenschaftlicher Werdegang und die Vielzahl der Wissenschaftler, die das BII durchliefen, schlossen einen schmalen Band mit wenigen Beitragenden aus. Das hiess nun, dass für diesen umfangreichen Band – für den Karger als renommierter wissenschaftlicher Verlag in Basel gewonnen werden konnte – eine erhebliche Summe bereitgestellt werden musste.

Die war vom Institutsdirektor Jerne zu genehmigen – und genau der durfte nichts von dem Vorhaben erfahren. Was also tun? Die beiden Herausgeber Lefkovits und Steinberg marschierten also zum Roche-Präsidenten und der genehmigte ihnen die Festschrift – vom Sonderkonto und unter dem Siegel der Verschwiegenheit.

Abb. 30: Festschrift für Niels Jerne zu seinem 70. Geburtstag.

Für die Festschrift wurden hunderte von Wissenschaftlern zu einem Beitrag aufgefordert. Nach und nach trafen die Aufsätze bei Charley Steinberg ein, der sich für die Redaktion verantwortlich erklärt hatte. Zu den Angeschriebenen gehörte auch der Chemie- und Friedensnobelpreisträger Linus Pauling. Steinberg war gespannt, ob der Nobelpreisträger einen Beitrag liefern würde. Hier kam man nun auf die Idee, sich mit Charley einen Schabernack zu erlauben. Berenice Kindred sollte ein gefälschtes Papier schreiben, das sich als Pauling-Aufsatz ausgab. Es war auf US-Papier verfasst und man trieb es so weit, dass man den Umschlag nach San Francisco schickte, um ihn von dort versenden zu lassen. Charley war sehr verwundert über den Aufsatz von „Pauling" und begann das Manuskript zu lesen und aus seinem Büro war lautes Gelächter zu hören, unterbrochen von Kommentaren wie ***„Er ist verrückt geworden."*** Doch etwas misstrauisch geworden, ließ er sich von der Sekretärin den US-Umschlag zeigen. Schliesslich konsultierte er Lefkovits – der natürlich eingeweiht war – und sagte zu ihm, ***„Pauling sei verrückt geworden, aber man müsse den Aufsatz publizieren."***

Erst dann teilte man Charley die Wahrheit mit. Er war einerseits erleichtert, hatte aber den Rest des Tages sehr schlechte Laune.

Charles M. Steinberg war permanentes Mitglied des BII und neben Jerne die herausgehobene Persönlichkeit dort. Von der Ausbildung her Genetiker und Molekularbiologe, ein Schüler Delbrücks in Pasadena und Köln, hatte er quasi selbstverständlich auf der Rekrutierungsliste von Jerne gestanden. Was ihn besonders machte, war aber nicht nur seine Qualifikation, sondern seine Eigenarten. Es war bekannt, dass er Briefe in der Regel nicht beantwortete. Jerne schickte ihm deshalb eine Karte, auf der er nur „Yes" oder „No" anzukreuzen hatte, ob er einen Job am Basler Institut haben wollte. Charley gab wie üblich keine Antwort, erschien dann aber mit seiner Familie zur Eröffnung des Instituts. Auf Jernes Vorhaltungen antwortete er nur: ***„Ich wusste, dass Sie sich auch ohne die Karte ausrechnen werden, dass ich mir einen solchen Job nicht entgehen lasse"***.

Abb. 31. Permanent member Charley Steinberg (1972).

Steinbergs Wissen war umfassend und er war in der Lage, sich kompetent mit jedem Forschungsansatz eines Wissenschaftlers am Institut auseinanderzusetzen. Deshalb wurde ihm die Rolle einer freiwilligen Prüfinstanz zuerkannt, der alle am Institut vertrauten. Seine Kritik wie auch seine Anerkennung waren massgeblich: Schüttelte er bei einem Vortrag beständig mit dem Kopf oder zog er schreckliche Grimassen, hing von dieser Körpersprache vieles ab. Konnte seine Kritik unerbittlich sein, trat er auf der anderen Seite auch als Mentor in Erscheinung. Mindestens einem Wissenschaftler verhalf er zum Nobelpreis, anderen zu Anerkennung und Ruhm. Den Japaner Susumu Tonegawa führte er mit seinem Projekt am Institut zum Nobelpreis. Das Coaching von

Abb. 32: Susumu Tonegawa und Charley Steinberg.

ihm und die Entdeckung des Mechanismus des somatischen Rearrangements bildeten seine wichtigsten intellektuellen Leistungen am Institut. Ausserdem war er für die Jahresberichte zuständig.

Lefkovits erinnert sich, wie Charley ihn einmal im Restaurant fragte, ob er ein echtes Pilsner Bier von anderen unterscheiden könne. Lefkovits antwortete selbstbewusst mit einem: ***„Auf jeden Fall.“*** Bei einer späteren Gelegenheit liess Charley verschiedene Biersorten auftischen, neutral in Gläsern mit Nummern. Er forderte Lefkovits auf, zu probieren und das Pilsner zu identifizieren. Lefkovits lag daneben.

Charley erschütterte eben gern Selbstgewissheiten.

Ein ganz besonderes Ereignis war die Verleihung des Nobelpreises an Niels Jerne, an Georges Köhler (ebenfalls am BII) sowie an César Milstein im Jahr 1984. Jerne, der eigentlich schon in Pension war, erhielt den Anruf aus Stockholm in Basel. Es dauerte nur Minuten, bis die Mitarbeiter des BII sich zu einer spontanen Feier versammelten. Und es dauerte auch nicht allzu lange, bis der Vorrat an Champagner, der sich in den Kühlschränken des Instituts befand, zur Neige ging. Die Telegramme und Anrufe mit Glückwünschen jagten sich.

Die Preisverleihung und das anschliessende Dinner in Stockholm fanden wie üblich am Todestag Alfred Nobels, dem 10. Dezember statt. Jerne wählte als Begleiter die wichtigen Personen seiner wissenschaftlichen Karriere aus: Gunter und Inge Stent, Ole Maaloe, Claudia Henry, seine Sekretärin Ingrid Westen-Schnurr mit Gatten, Ivan und Hana Lefkovits.

Abb. 33: Niels Jerne und Königin Silvia von Schweden beim Nobelpreis-Dinner (1984).

Ein einmaliges Erlebnis nicht nur wegen der feierlichen Zeremonie und der Reden, auch durch das Abendessen in der Stockholm City Hall: 1320 Gäste, die von 660 Obern bedient wurden. Am Tisch des Königspaars Carl Gustaf und Sylvia nahmen die Nobelpreisträger Jerne, Köhler, Milstein sowie Carlo Rubbia, Simon van der Meer (Physik-Nobelpreis) und Bruce Merrifield (Chemie-Nobelpreis) mit ihren Ehepartnern Platz. Bei den Lefkovits am Tisch fanden sich Claudia Henry, Theo Staehelin, Ole Malloe, Gunter und Inge Stent ein.

Abb. 34: Grossbrand BII (1985).

In der Nacht vom 27. auf den 28. Februar 1985 gab es eine Explosion im Ventilationssystem des Instituts, die in der Folge ein Feuer verursachte. Die Kantonsfeuerwehr war schnell zur Stelle und brachte das Feuer unter Kontrolle, während die Betriebsfeuerwehr von Roche den Standort kontrollierte. Rasch waren Mitarbeiter des Instituts herbeigeeilt, die halfen und die ganze Nacht vor Ort blieben. Vorrangig war, dass keine Menschenleben in Gefahr waren, denn eine Zeitlang befürchtete man, dass im Aufzug jemand eingesperrt sein könnte. Das erwies sich zum Glück als grundlos. Auch einige hundert Mäuse in Kisten konnten unbeschadet evakuiert werden. Und schließlich konnte auch das biologische Material der Zelllinien erhalten werden. Dennoch blieb Stunden nach dem Brand unklar, ob da Institut jemals in der Lage sein würde, in seinen Räumen weiterzuarbeiten. Einige Roche-Offizielle wollten das BII für eineinhalb Jahre schliessen und die Arbeit an einen anderen Ort verlagern. Das hätte aus Sicht der Mitarbeiter das Ende des Instituts bedeutet.

Umso mehr engagierten sie sich für den raschen Wiederaufbau. Noch am selben Tag wurde ein rescue committee ins Leben gerufen, dem Chris Paige, Charles Steinberg und Ivan Lefkovits angehörten. Später stiess noch Fritz Melchers hinzu, der sich zum Zeitpunkt des Unfalls nicht in Basel befand. Die Räumlichkeiten waren durch das Fehlen von Strom dunkel, Löschwasser bedeckte den rutschigen Boden. Die wenigen Mitglieder des Instituts, denen der Zugang erlaubt wurde wie Lefkovits, Steinberg und Paige, standen mit hochgestülpten Jeans im Wasser.

Improvisation war angesagt: Eine erste Notmassnahme des Komitees war, bei Migros einen LKW mit Kühlwagen für das biologische Material aus den Tiefkühltruhen zu bestellen, ein ganz entscheidender Schritt, um das unschätzbar wertvolle Versuchsmaterial zu retten. Erstaunlicherweise versahen aber von den 18 Tiefkühltruhen mit biologischem Material 16 weiterhin ihren Dienst, obwohl die Aussenhülle oder das Kühlsystem beschädigt waren. Die ersten Zelllinien konnten in die Brutschränke gesetzt werden.

Das Rettungskomitee wurde nach dieser positiven Bestandsaufnahme jetzt in Restaurierungskomitee umbenannt. Seine erste Aufgabe war es, die Sicherheit aufrechtzuerhalten und die Basisfunktionen zu definieren, die während der Restauration gewährleistet sein mussten: die Zellkulturen erhalten sowie die Flüssigstickstoff-Tanks und die Tiefkühler zu reinstallieren. Chris Paige trennte mit einem Vorhang die sauber deklarierten von den verunreinigten Bereichen. Wissenschaftler mussten aus dem zerstörten Teil in den intakten Bereich umziehen. Das sehr ehrgeizige Ziel lautete, in zehn Tagen 90% des Gebäudes zu reinigen. Jede verfügbare Fussmatte in Basels Supermärkten wurde gekauft. Am elften Tag waren die Räume von Schutt und beschädigten Möbeln geräumt. Und wenig später konnte wiederum Chris Paige das erste Labor als rein deklarieren. Den Rest des Jahres wurde an der Restauration der anderen Bereiche gearbeitet.

1994 konnte Lefkovits seine 25-jährige Zugehörigkeit zum Institut feiern. Bei Champagner und einem Apéro riche fanden sich viele prominente Gratulanten ein, unter ihnen auch Roche-Forschungsleiter Alfred Pletscher.

Sohn Michael schloss im selben Jahr sein Medizinstudium erfolgreich ab. Er hatte eine kleine Wohnung in der Nähe der Universität gemietet. Während des Studiums lernte er seine Kommilitonin Heidi kennen, und kurz nach Abschluss des Studiums heirateten Michael und Heidi. Heidi wurde ebenfalls Ärztin.

Abb. 35: Sohn Michael (im Hintergrund Poster des tschechoslowakischen Präsidenten Vaclav Havel).

Das Ende des Instituts

Lefkovits' Gedanken kreisten ab seinem „Sechzigsten" um die Gestaltung seiner zukünftigen Forschungstätigkeit nach dem Erreichen des Pensionsalters von 65 Jahren. Was für andere Berufsgruppen eher Anlass zu Freude war, betrachteten Wissenschaftler als „Altersguillotine", die ihre Forschungstätigkeit und weitere wissenschaftliche Karriere abrupt beendete. Zumindest in der Schweiz galt es sich damit abzufinden. Einige Wissenschaftler des Instituts kehrten in ihre Heimatländer USA oder Australien zurück, wo die Bedingungen nicht so restriktiv waren.

Lefkovits wusste, dass es Ende 2001 oder Anfang 2002 auch ihn treffen würde. Bis dahin wollte er alle seine Projekte abgeschlossen haben. Er konnte hoffen, dass die Proteomik weitergehen würde, aber nicht mehr unter seiner Leitung.

Dann, etwa eineinhalb Jahre vor diesem unausweichlichen Datum, geschah etwas, das für Lefkovits einen Wendepunkt bedeutete. Der Präsident von Hoffmann-La Roche berief im Juni 2000 eine Versammlung der Mitarbeiter des BII ein, auf der er die Entscheidung des Managements bekannt gab, das Institut zu schließen. Die Mitarbeiter waren tief geschockt. Die Nachricht ging um die Welt, Telegramme und Briefe trafen ein. Journalisten riefen an, Presse und Fachzeitschriften berichteten.

Das erste Telegramm, das Lefkovits nach Bekanntgabe der Schliessung erhielt, kam von Ed Reich, einem ehemaligen Direktor des Friedrich Miescher Instituts, es schildert treffend in Kürze die Tragik und Problematik der Schliessung, und es hielt auch Trost bereit:

„Lieber Ivan,
Das mit dem BII tut mir auch sehr leid, aber mit meinem natürlichen Pessimismus hätte ich das immer erwartet, vor allem nach dem Tod von Paul Sacher[39]; aber aus Deiner Perspektive betrachtet, hast Du die glorreichen Zeiten des Instituts und alles Gute, was es zu bieten hatte, genossen und es hat Dir in jeder Hinsicht ein wunderbares Leben beschert. Dafür kann man unendlich dankbar sein – nur sehr wenige Menschen haben je eine solche Fahrt genossen – und nach Dir die Sintflut. Ich bin gespannt, was gesagt wurde und was Roche mit all den Menschen usw. machen wird, und natürlich auch auf ihre eigenen Pläne. Und was mit all den Stämmen, Monoklonalen, mutierten Tieren usw. geschehen wird, die sich im Institut angesammelt haben müssen und die unbezahlbar und unersetzlich sind.
Mach's gut
Ed"

Schliesslich hatte das BII drei Nobelpreisträger hervorgebracht und seine Wissenschaftler 27 Auszeichnungen in Immunologie erhalten. In den über dreißig Jahren hatte es sich den

39 Der Dirigent Paul Sacher hatte über 60 Jahre im Verwaltungsrat von Hoffmann La Roche die Politik der Firma wesentlich bestimmt. Er starb 1999.

Ruf eines weltweiten Spitzeninstituts erworben, das von 500 Immunologen durchlaufen wurde und in dem 3000 Publikationen erschienen waren. Weshalb also diese Schließung? Finanzielle Gründe standen wohl weniger im Vordergrund. Das Institut hatte seine Funktion einfach erfüllt, Roche Prestige gerade bei jungen hochqualifizierten Wissenschaftlern zu verschaffen und sie für das Unternehmen zu gewinnen. Diese Brückenfunktion war geglückt. Dennoch schien es so, dass auch die mangelnde Verbindung von freier Wissenschaftsforschung zur Roche-Forschung an neuen Medikamenten zum Problem geraten war.[40]

Die Unternehmensleitung indes zeigte sich großzügig: Die Verträge wurden eingehalten und man konnte sein Forschungsprojekt in Basel beenden. Wer den Forschungsort wechselte, durfte seine komplette Ausrüstung mitnehmen und bekam die restliche Forschung finanziert.

Der Plan war, dass die Lichter des Instituts Ende 2001 ausgehen, die Mitarbeiter sollten bei der Jobsuche unterstützt werden. Diese Unterstützung benötigten die Wissenschaftler nur in den wenigsten Fällen, was auch für sich spricht. Alle – oder fast alle – bekamen sofort gute Angebote und sind in die große Welt der Wissenschaft gegangen. Sowohl die Wissenschaftler als auch das technische Personal sind gut weggekommen, betont Lefkovits.

Aber die bittere Pille war, dass eine der besten wissenschaftlichen Infrastrukturen der Welt zerstört wurde. Und diese bittere Pille musste – mit einiger Verspätung – auch der Mutterkonzern selbst schlucken, als die Forschungseinheiten von Roche plötzlich nicht mehr auf das Know-how des BII zurückgreifen konnten. Den heutigen Entscheidungsträgern der Firma Roche scheint es klar, dass diese Entscheidung der Schließung falsch und kontraproduktiv war.

Wer nun gedacht hatte, dass die Wissenschaftler am Institut sofort alle Arbeitsgerätschaften – sozusagen Griffel und Reagenzglas – beiseite stellten und in Tatenlosigkeit erstarrten, der musste sehr verwundert sein. Es war faszinierend: Alle Wissenschaftler akzeptierten die Nachricht und arbeiteten weiter. Ohne Hektik, ohne Panik, ohne Verbitterung. Diese Haltung war so einzigartig, dass Lefkovits den Fotografen des Instituts losschickte, um die Laborarbeit und die Menschen festzuhalten. Die Bilder wurden in das Geschichtsbuch des BII aufgenommen.

Abb. 36: Festschrift für Ivan Lefkovits (in Scand. J. I).

40 Martin Hicklin, Das Institut für Immunologie, das Friedrich-Miescher-Institut und das Biozentrum, in: Chemie und Pharma in Basel Bd.2, S. 112 – 117. Walter Hochreiter, Roche in Basel und Westeuropa, S. 184.

Internationale Kongresse der Immunologie

Mit dem Beginn der modernen Immunologie ab den 1960er Jahren, gekennzeichnet etwa durch die Entdeckung der Struktur von Antikörpern oder die Grundlagenforschung zur zellulären Immunologie, wurde eine Verbindung der nationalen immunologischen Gesellschaften immer dringender. Sie benötigten eine internationale Organisation, um wissenschaftliche Ergebnisse auszutauschen und die Forschung zu vernetzen. Auch als Instrument, ihre Interessen nationalen und internationalen Institutionen zu vermitteln, schien eine solche Organisation unbedingt notwendig.

Die International Union of Immunological Societies (IUIS) wurde 1969 im belgischen Brügge von zehn Ländergesellschaften gegründet, darunter auch die schweizerische, aber nicht die deutsche (die erst zwei Jahre zuvor gegründet worden war).[41] Sie trat der zentralen Wissenschaftsorganisation des International Council of Science bei. Beim ersten Kongress der IUIS 1971 galt es, Aufbauarbeit der Organisation zu leisten: Ein Vorstand musste gewählt werden, eine Struktur geschaffen und die ersten Schritte zu einer Satzung getan werden. Als ersten Präsidenten wählten die Delegierten den kanadischen Immunologen Bernhard Cinader. Die wichtigste Entscheidung für die weitere Entwicklung der IUIS betraf jedoch die Einsetzung von Komitees. Die Komitees für Standardisierung, Nomenklatur, Bildung und Symposien garantierten eine erfolgreiche Arbeit. Wenig später kam noch das Komitee für Klinische Immunologie dazu und 1980/81 die Veterinär-Immunologie und das Publikations-Komitee. Die IUIS kooperierte eng mit der WHO.

Abb. 37: Erster Weltkongress für Immunologie in Washington D.C. (1971).

Dieser erste Kongress vom 1. bis 6. August 1971 in Washington D.C. wurde von der Amerikanischen Gesellschaft für Immunologie ausgerichtet,

41 Geschichte der Organisation in: International Union of Immunological Societies records, Center for Biological Sciences Archives, Collection 9, Special Collections, University of Maryland, Baltimore County (Baltimore, MD).

die bereits 1913 ins Leben gerufen worden war. 3400 Wissenschaftler aus 45 Ländern nahmen teil, unter ihnen auch Lefkovits. Es fanden 15 Symposien und 45 Workshops statt. Das Basler Institut für Immunologie nahm bezeichnenderweise im selben Jahr die Arbeit auf und war grosses Gesprächsthema: Gerry Edelman, der ein Jahr später den Medizin-Nobelpreis erhielt, hatte das Institut besucht und berichtete in Washington darüber. Und Maurice Landy, der Präsident, siedelte kurz danach nach Davos um und wurde ein guter Freund des BII. Zwei Arbeiten von Mitgliedern des BII wurden auf dem Kongress präsentiert. Es nahmen vom BII Niels K. Jerne, Benvenuto Pernis, Ruggero Ceppellini, Ivan Lefkovits, Fritz Melchers, Louis Du Pasquier teil sowie einige Mitglieder des Advisory Boards: Baruj Benacerraf, Ita Askonas, Gerry Edelman, John Humphrey, Gustav Nossal und Michael Sela.

Für die Wissenschaft der Immunologie war dieser erste Kongress von herausragender Bedeutung und eine Art Initialzündung. Die folgenden wurden noch prominenter. Der nächste Kongress in Brighton 1974 zog dann schon 4500 Wissenschaftler an, die sich in 25 Symposien und 163 Workshops trafen.[42] Er war das wissenschaftliche Ereignis des Jahres. Der Kongress widmete sich der immunologischen Forschung in insgesamt fünf Themenbereichen: Ein Bereich befasste sich mit immunochemischen Aspekten, zwei Bereiche mit biologischen Aspekten und ebenfalls zwei Bereiche mit klinischen Aspekten. Insgesamt gewährte der Kongress damit einen guten Überblick über die Fortschritte in der Immunologie, insbesondere mit den Schwerpunkten auf genetische Aspekte, T- und B-Zellen sowie klinische Immunologie. Diese Bereiche waren in den vergangenen Jahren am meisten expandiert.

Die Wissenschaftler des BII waren zahlreich vertreten, um ihre Forschungsfelder zu präsentieren und mehrere von ihnen leiteten Workshops als Chairmen:

R.E. Cone,	*„Biochemistry of lymphocyte receptors“, and „Dynamics of lymphocyte membranes“*
R. Pink, (Co-chairman of workshop in)	*„Genetic coding for immunoglobulins“*
L. Hudson, (Co-chairman of workshop on)	*„Enrichment of lymphocyte populations by affinity chromatography“*
S. de Petris, (Chairman of workshop on)	*„Techniques of immune-electron microscopy“*
B. Pernis,	*„Behavior of cell surface components in immunological phenomena“*
F. Melchers, (Co-chairman of symposium on)	*„Synthesis and secretion of Ig“*
D.I. Stott,	*„J chains“, and „Assembly of the immunoglobulin molecule“*
I. Lefkovits,	*„The nature of the clonal response to antigen“*
D.G. Braun,	*„Idiotypic antibody“, and „Antibody synthesis in vitro“*
H. von Boehmer, (Co-chairman of workshop on)	*„Analytical cell electrophoresis“*

42 Leslie Brent/John Holborow (Hg.), Progress in Immunology II. Biological Aspects I. Proceedings of the Second International Congress of Immunology, Brighton, United Kingdom , July, 21. – 27. 1974, Amsterdam/New York 1974.

L. Du Pasquier, (Chairman of workshop on) „Primitive vertebrate immunology“
H-R. Kiefer, „Specific cell separation“
J.-C. Jaton, „Rabbit allotypes“, „Variable region structure“, and „The structure of the antigen binding site“

Schon aus den Vortragstiteln war das breite Spektrum des BII sichtbar. Das Studium der zellulären Rezeptoren, insbesondere die Verankerung in den Membranen war erfolgreiches Neuland (Bob Cone). Die Beweglichkeit der Rezeptoren in der Membrane (Pernis), die Methodik für die Trennung von Zellenpopulationen (von Boehmer, Kiefer, Hudson), Struktur der Immunglobuline (Jaton, Stott) und „in vitro“-Antikörperbildung (Lefkovits, Braun) hiessen die unterschiedlichen Forschungsinteressen.

Der nächste Kongress 1977 fand in der University of New South Wales in Melbourne statt. Der junge Kontinent hatte mit dem Walter and Eliza Hall Institute of Medical Research (WEHI) in Melbourne einen führenden, weltbekannten Forschungsort. Sein Direktor Frank MacFarlane Burnet erhielt 1960 den Nobelpreis für seine Forschungen zur klonalen Selektion.[43] Sein Nachfolger Gus Nossal, ein Mitarbeiter von ihm, konnte seine Theorie der Antikörperbildung bestätigen. Der Immunologe Gus (eigentlich Gustav) Nossal, war im Alter von sieben Jahren mit seinen Eltern nach der Annexion Österreichs 1938 nach Australien emigriert. Gus Nossal war mehrere Jahre als Mitglied des BII Advisory Boards tätig.

Am Melbourner Kongress nahmen 1550 Wissenschaftler teil, also nur ein Drittel der Anzahl von Brighton. Immer mehr Immunologen beschäftigen sich mit genetischen und molekularen Aspekten der Erkennung von Antigenen und mit Theorien der Herstellung von Immunantworten. Neue Techniken wurden präsentiert: 1. Die Zell-Hybridisierung 2. Die Zell-Separation 3. Immunologische Auswertungen (read-out).[44]

Niels Jerne beschrieb den Forschungsstand so: ***„When the new notion, that antibody molecules are made in the absence of antigen gradually became accepted in the early 1960s, many things suddenly fell into place, such as the fact that lymphocytes were important cells and that the clonal selection theory was probably correct. Happily, this insight coincided with important analytical work, which revealed the structural basis for the diverse specificities of antibody molecules. It was shown, moreover, that lymphocytes can be cultured in vitro, and that lymphocytes in culture, upon addition of antigen, will produce specific antibodies. It looked, and it still looks as if lymphocytes that grow as disperse cells are ideal for the study of cell differentiation in vertebrate animals.“***

Zum Zeitpunkt des dritten Kongresses in Melbourne entwickelte das BII seine volle Dynamik. Das „turnover“ funktionierte bestens, neue Mitarbeiter kamen an, alte verließen das Institut. Und mit den Neuen kamen neue Forschungsrichtungen und Forschungsaspekte und natürlich auch neues Wissen. Die Analyse des Immunsystems schritt erfolgreich voran. Erstmals tauchten Überlegungen zur Anwendung monoklonaler Antikörper auf – die bald so bedeutend werden sollten –, doch sie kamen nur

43 Die Klon-Selektionstheorie beschreibt das Phänomen, dass alle Zellen, die spezielle Antikörper produzieren können (B-Lymphozyten), wie auch ihre korrespondierenden Zellen (T-Lymphozyten), Klone einer gemeinsamen Mutterzelle sind. Vgl. wikipedia.de.

44 Graham F. Mitchell, The Third International Congress of Immunology, in: The Medical Journal of Australia, September 3, 1977, S. 309 – 311.

zögerlich voran. Vorerst konnte man sich nur auf ihre Verwendung für die diagnostische Methodik einigen oder für die Reinigung spezifischer Moleküle.

Die Methodik der limiting dilution analysis, wie sie durch Lefkovits präsentiert wurde, stiess auf grosses Interesse bei der Forschungsgruppe von Gus Nossal. Die klonale Verknüpfung lag voll auf der Linie von Burnets klonaler Selektion.

Der Kongress in Paris vom 21. bis 26. Juli 1980 wurde von dem französischen Wissenschaftler Jean Dausset organisiert und präsidiert. Es nahm die Rekordzahl von 6000 Immunologen teil. Nicht nur die wissenschaftlichen Veranstaltungen höchster Qualität, auch die prächtigen Empfänge in historischen Palästen der „Grande Nation" beeindruckten die Teilnehmer sehr. Wiederum nahmen mehrere Wissenschaftler des BII und auch Lefkovits teil und präsentierten ihre Arbeit. Dutzende von Teilnehmern kamen in der Folge nach Basel zu einem Forschungs- oder Unterrichtsaufenthalt. Die internationale Vernetzung funktionierte bestens.

Zum ersten Mal nahmen auch tschechoslowakische Wissenschaftler teil. Die Kosten für Kongress und Unterkunft mussten von den Teilnehmern selbst getragen werden (ohne Beteiligung von deren Institutionen; es gab auch keine Grants). Ivan Lefkovits erreichte bei Jean Dausset, dass den tschechischen Wissenschaftlern die Kosten aus der Kongresskasse erstattet wurden. Dausset war ein großer Freund der tschechischen Wissenschaft und Kultur.

1983 nahm der fünfte Kongress seinen Platz im japanischen Kyoto unter der Leitung von Yuichi Yamamura.

Der sechste Kongress fand vom 5.–11. Juli 1986 im kanadischen Toronto statt. Das BII existierte nunmehr 15 Jahre und auf dem Kongress fanden sich die „Ehemaligen" des BII und liessen eine Party steigen. Sie trafen sich, um über ihre gemeinsame Zeit in Basel zu plaudern und manche Erinnerungen auszutauschen. Mit der Zeit wurde die Zugehörigkeit zur Alma Mater des BII immer deutlicher und ausgeprägter.

Das Institut war diesmal mit sieben Präsentationen vertreten:

A. Takeda,	*Variation of the LFA-1 structure which reflects lymphocyte differentiation*
M. Miyasaka,	*Lymphocyte emigration from the thymus*
W.R. Hein,	*Clonal antibodies to sheep homopoietic cells*
J.F. Kearney,	*Idiotype-directed interactions during B-cell ontogeny*
H. von Boehmer,	*Ontogeny T-cell receptors for antigen*
G.E. Wu,	*Development of the VH repertoire in mouse B-cell colonies*
L. Du Pasquier,	*Ontogeny of the immune system in Xenopus*

Der siebte Kongress fand in Berlin im geschichtsträchtigen Jahr 1989 statt, drei Monate vor dem Fall der Berliner Mauer. Der Chairman war Fritz Melchers, der Leiter des BII. Ausserdem präsentierten 18 Mitarbeiter des Instituts ihre Arbeit und fünf leiteten Symposien oder Workshops. Das zeigte wiederum, wie angesehen das Institut in der wissenschaftlichen Immunologie inzwischen war. Der Kongress fasste eine äusserst innovative Phase der Immunologie seit den späten 1970ern zusammen.

Noch nie wurden so viele Fortschritte in der Immunologie gemeldet wie auf diesem Kongress. Die neuen Technologien kamen in vollem Umfang zum Tragen: Gen-Isolierung, Mutation, Proteinstruktur und Peptidsynthese, Zellklonierung, Hybridisierung und monoklonale Antikörper, um nur einige zu nennen. Der Kongressbericht fasste es so zusammen: *„This report will serve as a guideline for generations of immunologists to come. Hundreds of new alleys have been opened, an abundance of research tools and goals are pointed to.“*[45] So öffnete das Jahr 1989 nicht nur im politischen Zeitgeschehen neue Türen, sondern auch in der Wissenschaft der Immunologie.

Es war nur folgerichtig, dass der nächste Kongress in einem osteuropäischen Land stattfand, nämlich in Budapest vom 23. – 28. August 1992 unter Janos Gergely von der Eötvös Lorand-Universität in Budapest. Vom BII nahmen diesmal elf Wissenschaftler als lecturer, chairmen oder co-chairmen teil. Die Schwerpunkte waren diesmal unter anderem:

Ontogenese, Repertoire, Selektion und Toleranz von B- und T-Zellen
Genetik, Struktur, Funktion und Evolution von Immunglobulinen und T-Zell-Rezeptoren
Molekulare und zelluläre Aspekte der Antigenverarbeitung und -präsentation
Funktionellen T-Zellen-Untergruppen
Zelladhäsions- und Interaktionsmolekülen

Die Themen widerspiegelten den raschen Fortschritt der letzten drei Jahre in der Immunologie.[46]

Auf der Tagung in San Francisco vom 23. – 29. Juli 1995 trafen sich 2000 Teilnehmer aus 67 Ländern, darunter einige Nobelpreis-Laureaten. Erstmals kamen auch viele Immunologen aus osteuropäischen Ländern. Die Konferenz hatte ihre Schwerpunkte in DNA-Vakzinen und konventionellen Vakzinen, HIV und Immunmechanismen, Tumorimmunologie und Immuntherapie sowie Immunmodulation.

Die letzten drei Kongresse der IUIS, an denen Lefkovits teilnahm, waren in Neu-Delhi 1998, Montreal 2004 und Kobe 2010 (an dem Kongress in Rio De Janeiro 2007 hat er nicht teilgenommen).

Abb. 38: Lefkovits am 14. Immunologiekongress in Kobe (2010).

45 Progress in Immunology VII. Proceedings of the Seventh International Congress of Immunology in Berlin (West) 1989.

46 J. Gergely (Hg.), Progress in Immunology, Vol 8, Proceedings oft he 8th International Congress of Immunology, Budapest 1992.

Professor an der Philipps-Universität Marburg

Das Institut in Basel bot alles, was einem Wissenschaftler lieb und wichtig ist, aber ein Eintauchen in die deutsche Sprache war dort sicher nicht möglich. Die Umgangssprache war Englisch, viel Italienisch und Französisch wurde geredet, und an einigen Tischen in der Caféteria war Schwedisch zu hören: Die Assistentinnen kamen überwiegend aus Schweden. Deutsch hingegen hörte man bestenfalls gelegentlich.

Lefkovits ergriff die Möglichkeit, eine Zusammenarbeit und eine Vorlesungsreihe im hessischen Marburg zu etablieren. Es fügte sich gut, dass Prof. Klaus Hartmann – mit dem er locker zusammenarbeitete – gerade von Tübingen an die Philipps-Universität Marburg berufen wurde. Die Idee der beiden war, semesterweise Vorlesungen in Marburg zu halten und die Medizin-Studenten für jeweils zweitägige Vorlesungsreihen nach Basel zu holen.

Marburg an der Lahn war für Lefkovits nicht nur wegen Hartmann und der wissenschaftlichen Zusammenarbeit attraktiv, sondern hatte für ihn mit seiner historischen Altstadt und der bedeutenden und traditionsreichen Universität eine besondere Ausstrahlung. Obwohl die Studenten über gute Englischkenntnisse verfügten, wollte Lefkovits seine Vorlesungen auf Deutsch halten und seine Zeit in einem deutschsprachigen Umfeld verbringen.

Als Lefkovits mit Hartmann durch die ostslowakische Stadt Kosice spaziert war (bei der Immunologie-Summer School), war Hartmann begeistert, weil die Elisabethkirche in Kosice und in Marburg Schwesterkirchen waren. Gerade die heilige Elisabeth von Thüringen schien Lefkovits für die Aura von Marburg sehr wichtig. Martin Heidegger hatte an diesem Ort „Sein und Zeit“ geschrieben (und seine Affäre mit der Studentin Hannah Arendt gepflegt), Boris Pasternak sich verheiratet, Robert Bunsen und der Immunologe Emil von Behring hatten hier gelehrt, die Brüder Grimm an der Universität studiert.

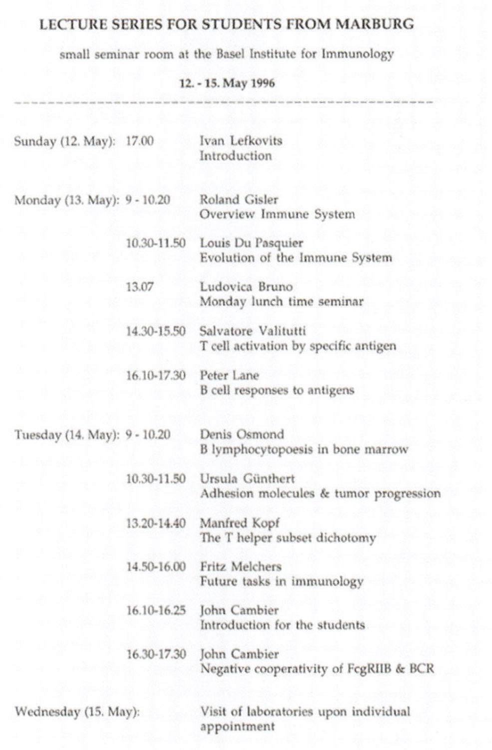

LECTURE SERIES FOR STUDENTS FROM MARBURG

small seminar room at the Basel Institute for Immunology

12. - 15. May 1996

Sunday (12. May):	17.00	Ivan Lefkovits Introduction
Monday (13. May):	9 - 10.20	Roland Gisler Overview Immune System
	10.30-11.50	Louis Du Pasquier Evolution of the Immune System
	13.07	Ludovica Bruno Monday lunch time seminar
	14.30-15.50	Salvatore Valitutti T cell activation by specific antigen
	16.10-17.30	Peter Lane B cell responses to antigens
Tuesday (14. May):	9 - 10.20	Denis Osmond B lymphocytopoesis in bone marrow
	10.30-11.50	Ursula Günthert Adhesion molecules & tumor progression
	13.20-14.40	Manfred Kopf The T helper subset dichotomy
	14.50-16.00	Fritz Melchers Future tasks in immunology
	16.10-16.25	John Cambier Introduction for the students
	16.30-17.30	John Cambier Negative cooperativity of FcgRIIB & BCR
Wednesday (15. May):		Visit of laboratories upon individual appointment

Abb. 39: Vortragsreihe für die Studenten aus Marburg.

Lefkovits hatte sich nur selten mit philosophischen Disziplinen beschäftigt, außer vielleicht mit den geistigen Wurzeln des Antisemitismus. In der Marburger Bibliothek entdeckte er jedoch, dass Ende des 19. Jahrhunderts die sogenannte Marburger Schule des Neukantianismus (Hermann Cohen, Paul Natorp) gegründet worden war. Die methodischen Überlegungen im Geiste Kants waren für Lefkovits ein wichtiger Ansatz auch für seine eigene naturwissenschaftliche Arbeit.

In den Jahren 1975 bis 1998 hielt er eine Vielzahl von Vorlesungen über klonale Selektion, Jernes Theorie, die quantitative Immunologie und neuere Methoden der zellulären Immunologie. Rund 160 Studierende folgten ihm zu Vorlesungsreihen nach Basel.

Er habilitierte sich 1979 und wurde 1990 zum Professor ernannt. Die Verbindung zu Marburg blieb auch nach seiner Emeritierung bestehen, insbesondere zu Klaus-Ulrich Hartmann und zur Familie Claudine Hartmann mit den Kindern Nils, Till und Nele.

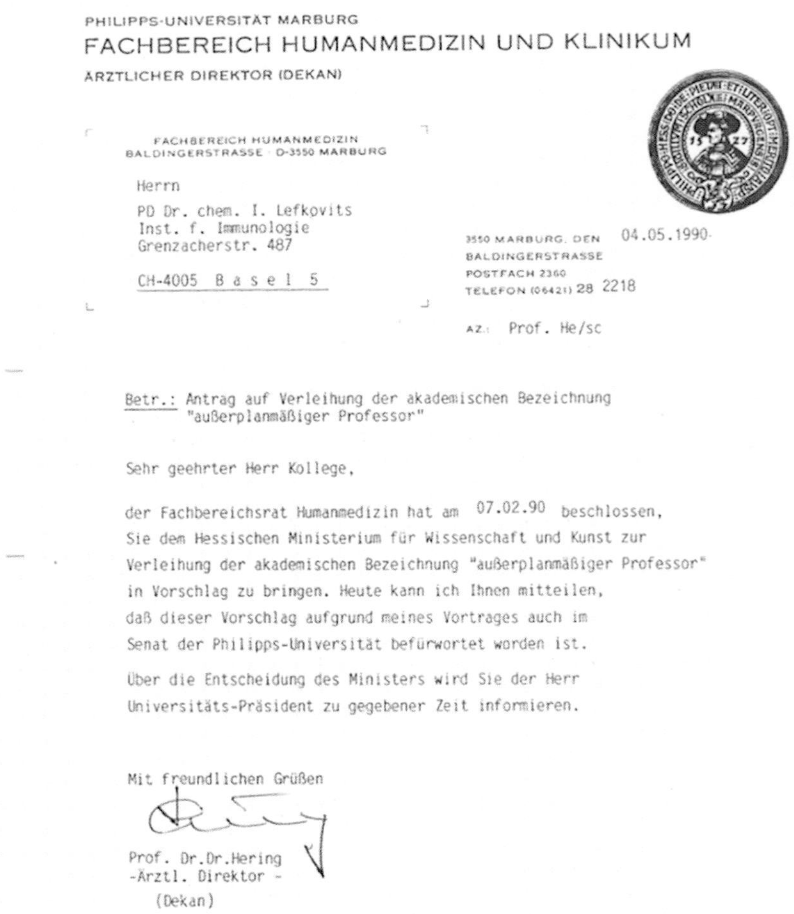

PHILIPPS-UNIVERSITÄT MARBURG
FACHBEREICH HUMANMEDIZIN UND KLINIKUM
ÄRZTLICHER DIREKTOR (DEKAN)

FACHBEREICH HUMANMEDIZIN
BALDINGERSTRASSE · D-3550 MARBURG

Herrn
PD Dr. chem. I. Lefkovits
Inst. f. Immunologie
Grenzacherstr. 487
CH-4005 B a s e l 5

3550 MARBURG, DEN 04.05.1990
BALDINGERSTRASSE
POSTFACH 2360
TELEFON (06421) 28 2218

AZ.: Prof. He/sc

Betr.: Antrag auf Verleihung der akademischen Bezeichnung "außerplanmäßiger Professor"

Sehr geehrter Herr Kollege,

der Fachbereichsrat Humanmedizin hat am 07.02.90 beschlossen, Sie dem Hessischen Ministerium für Wissenschaft und Kunst zur Verleihung der akademischen Bezeichnung "außerplanmäßiger Professor" in Vorschlag zu bringen. Heute kann ich Ihnen mitteilen, daß dieser Vorschlag aufgrund meines Vortrages auch im Senat der Philipps-Universität befürwortet worden ist.

Über die Entscheidung des Ministers wird Sie der Herr Universitäts-Präsident zu gegebener Zeit informieren.

Mit freundlichen Grüßen

Prof. Dr.Dr.Hering
-Ärztl. Direktor -
(Dekan)

Abb. 40: Ernennung zum ausserordentlichen Professor an der Philipps-Universität Marburg.

Sabbaticals und andere extramurale Aufenthalte

Cambridge

Das BII und seine Wissenschaftler waren bei Konferenzen als Chairmen oder Co-Chairmen sehr gefragt, so auch Lefkovits. Bei dieser Gelegenheit ergaben sich viele Kontakte und in den vorbereitenden Diskussionen wurden oft Ideen entwickelt für gemeinsame neue Projekte. Die wissenschaftlichen Netzwerke initiierten neue Kooperationen. Schon bald nach der Eröffnung des BII besuchten auch renommierte Wissenschaftler aus Grossbritannien, von den Elite-Universitäten Cambridge und Oxford, das Labor von Lefkovits. Die meisten waren weniger an seiner wissenschaftlichen Fragestellung interessiert, sondern eher an der von ihm entwickelten Methodik. In erster Linie waren dies Herman Waldmann, Arnold Feinstein und Peter Lachmann.

Herman Waldmann (geb. 1945), ein Immunologe und Kliniker, befasste sich mit therapeutischen monoklonalen Antikörpern. Er arbeitete seit 1973 am Department of Pathology der Universität Cambridge und wurde 1989 Leiter der Abteilung für Immunologie dort. Fünf Jahre später wechselte er als Leiter an die bekannte Sir William Dunn School of Pathology in Oxford. Noch während seiner Zeit in Cambridge war Waldmann in regem Kontakt mit César Milstein und war einer der Ersten, der auf die monoklonalen Antikörper (Mabs) aufmerksam geworden ist. Er entwickelte die ersten humanisierten monoklonalen Antikörper, die Leukämie und die Abstossungsreaktion bei Organtransplantationen bekämpfen.[47]

In Basel interessierte er sich für die Limiting dilution analysis (LDA)-Grenzwert -Verdünnung – eine Methode, um die Frequenz von Zellen mit einer bestimmten Spezifität und Funktion in einer Population zu bestimmen. Also vereinbarten Lefkovits und Waldmann kleine Machbarkeits-Experimente dazu und bald stand fest, dass Waldmann für ein Jahr ins Basler Labor von ihm kommen würde. Die Fragestellung, um die es dabei ging, liess sich verkürzt so zusammenfassen: Welche Zellen sind in der Immunantwort involviert? Und welche Zellen arbeiten mit welchen zusammen? Zu dieser Zeit war Waldmann noch als Research Fellow am King's College angestellt. Aus der Zusammenarbeit der beiden entstanden mehrere gemeinsame Veröffentlichungen. Lefkovits erhielt in der Folge regelmässig Einladungen nach Cambridge, wo er Experimente vervollständigen konnte, die er in Basel aufgegleist hatte.

Arnold Feinstein (1926–2002), ein Immunologe und Proteinchemiker, forschte zur molekularen Struktur von Antikörpern. Am ARC Institute of Animal Physiology Cambridge führte er das Department für Immunologie. Er trug Wesentliches zum Verständnis der molekularen Struktur-Funktionsbeziehungen bei Antikörpern und anderen wichtigen Blutproteinen bei.[48] Feinsteins Interesse galt ursprünglich den Kaul-

47 Zu Waldmann vgl. Lara V. Marks, The Lock and Key of Medicine. Monoclonal Antibodies and the Transformation of Healthcare, New Haven/London 2015, S. 98–108.

48 Nachruf auf Arnold Feinstein in The Guardian 10. Dezember 2002.

quappen. Kaulquappen beherbergen eine geringe Anzahl von Lymphozyten, doch als Feinstein entdeckte, dass es am BII ein Labor gab, das miniaturisierte Kulturen von Maus-Lymphozyten verarbeitete, liess er die Kaulquappen-Lymphozyten sozusagen links liegen. Fortan galt sein Interesse ausschliesslich den Maus-Lymphozyten – das war ihm umso willkommener, als er feststellte, dass man in Lefkovits' Labor eine grosse Anzahl von Mikrokulturen gleichzeitig züchten konnte. Feinstein kam zu Experimentierarbeiten dann regelmässig nach Basel, während die gemeinsamen Veröffentlichungen meistens in Cambridge konzipiert wurden. Der Aufenthalt in Basel inspirierte seine Ehefrau Elaine Feinstein, eine bekannte Schriftstellerin, in ihrem Buch *The Glass Alembic* über die Stadt zu schreiben. Sie wurde 1981 zur Fellow of the Royal Society of Literature gewählt.

In Cambridge entstand in Co-Autorschaft mit Waldmann auch die erste Version der sehr erfolgreichen Monographie über LDA, die 1979 bei Cambridge University Press veröffentlicht wurde.[49] Später kam es zu einer völlig überarbeiteten zweiten Auflage der Monographie bei Oxford University Press.

Sir Peter Lachmann (1931–2020) war 1938 mit seiner jüdischen Familie vor den Nationalsozialisten aus Berlin nach Grossbritannien geflüchtet. Der Professor für Immunologie in Cambridge war ausserdem Fellow am Christ's College, Trinity College und am Imperial College. Er forschte zu den immunologischen Eigenschaften von Zellkernen und wurde für seine Verdienste in der Medizin zum Ritter geschlagen. Sir Peters Forschung galt dem „Komplement", einer Forschungsrichtung, die im BII nicht bedeutend vertreten war, doch in Lefkovits' Labor regte er Studien der Interaktion von Makrophagen mit B-Lymphozyten in Mikrokulturen an.

Oxford

Die Einladung von Herman Waldmann, das Sabbaticaljahr bei ihm zu verbringen, kam überraschend: ***„Ivan, du hast mich vor 25 Jahren als deinen ersten Mitarbeiter nach Basel eingeladen, diese wunderbare Zeit möchte ich jetzt mit Ähnlichem begleichen. In meiner neuen Position als Chairman der Sir William Dunn School of Pathology, Oxford, biete ich Dir als Erstem an, dein nächstes Sabbatical bei mir in Oxford zu verbringen".*** Das war in der Tat eine besondere Einladung, denn die Dunn School (gegr. 1927) genoss einen sehr guten wissenschaftlichen Ruf und hatte mit Howard Walter Florey und und Ernst Boris Chain zwei Nobelpreisträger für die Entdeckung des Penicillins und seiner heilenden Wirkung hervorgebracht.

Die Einladung nahmen Ivan und Hana also dankend an und es wurde ihnen ein wunderbares Haus (Norham Gardens 32) zur Verfügung gestellt. Ivan wurde als Fellow of Senior Common Room in das Lincoln College gewählt und Hana in den «Club of Newcomers» aufgenommen. Die beiden fühlten sich sehr willkommen und sehr wertgeschätzt. Das Sabbatical in Oxford nutzten sie für vielfältige Besuche und kulturelle Aktivitäten und es war für sie der Höhepunkt kultureller Selbstverwirklichung.

49 Limiting dilution analysis of cells in the immune system, Cambridge University Press 1979.

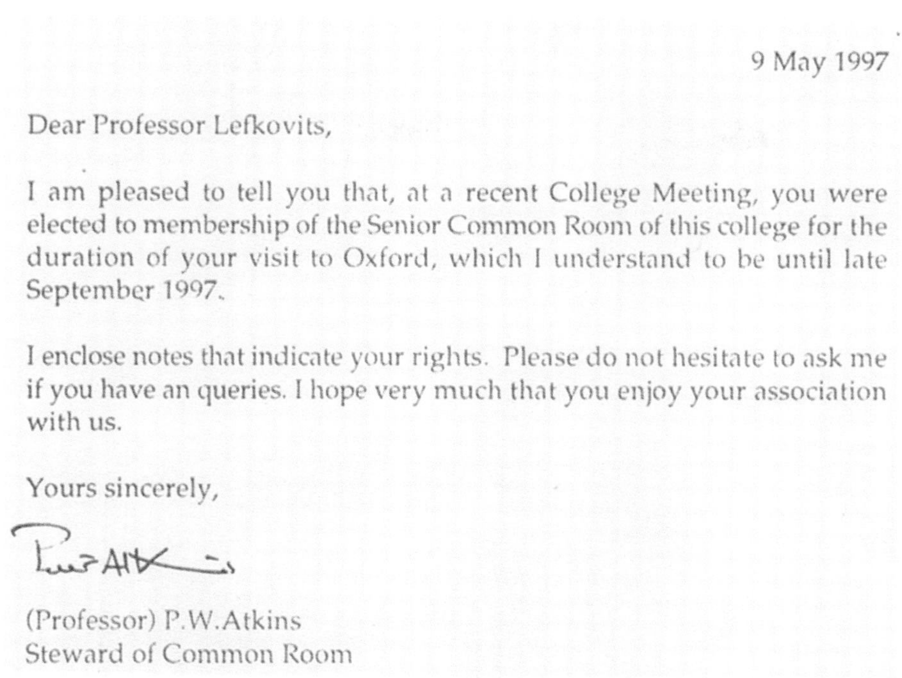

9 May 1997

Dear Professor Lefkovits,

I am pleased to tell you that, at a recent College Meeting, you were elected to membership of the Senior Common Room of this college for the duration of your visit to Oxford, which I understand to be until late September 1997.

I enclose notes that indicate your rights. Please do not hesitate to ask me if you have an queries. I hope very much that you enjoy your association with us.

Yours sincerely,

(Professor) P.W.Atkins
Steward of Common Room

Abb. 41: Aufnahme von Lefkovits als „Fellow of the Senior Common Room“ Oxford.

Das Interesse von Lefkovits galt – zumindest auf der theoretischen Ebene – weiterhin der Limiting Dilution Analyse, und einen Teil des Sabbaticals nutzten die beiden Autoren (Lefkovits und Waldmann) für die Vorbereitung der zweiten Ausgabe der LDA-Monografie. Sie wurde kurz nach dem Sabbatical in Oxford University Press veröffentlicht.

In seiner Labortätigkeit war Lefkovits in das Paul Fairchild’s Labor eingegliedert. Dort wurden zelluläre Interaktionen untersucht: Zellkulturen wurden mit radioaktivem Methionin markiert, die verarbeitet und in Basel proteomisch untersucht wurden. Es ging um die Auftrennung von zellulären Bestandteilen nach molekularer Grösse und gleichzeitig nach der Ladung. Zweidimensionale Darstellung erlaubte Rückschlüsse zu funktionellen Unterschieden.

Argonne, Chicago

Als Lefkovits Anfang der achtziger Jahre spürte, dass die innovativen Zeiten der klonalen Analyse des Immunsystems allmählich der Routine wichen, beschloss er, neue experimentelle Systeme zu suchen und in seinem Labor einzuführen. Er wünschte sich, aus der „zellulären“ Ebene in die „molekulare“ umzusteigen. Deshalb suchte er nach einer Methodik, die sich für grossangelegte (large scale) molekulare Experimente ausbauen liess und mit welcher man Heterogenität auf subzellulärer Ebene darstellen konnte. Er wurde fündig mit einer weit fortgeschrittenen Methodik der zweidimensionalen Gelelektrophorese. Die Gelelektrophorese gestattet, Gemische verschiedener Arten geladener Moleküle voneinander zu trennen. Es hatte für ihn auch deswegen eine Anziehungskraft, weil die Methodik bereits hoch entwickelt war und er sie lediglich für seine Zwecke modifizieren musste. Die von ihm etablierte Methodik der LDA hatte er von Anfang an in kleinen Schritten entwickelt und gestaltet, während er mit der 2D-Gelelektrophorese die neue Methodik unter äußerst komfortablen Bedingungen direkt nutzen konnte.

Zu diesem Zweck liess er sich von Leigh und Norman Anderson in deren Labor in das Argonne National Laboratory bei Chicago einladen. In diesem nationalen Forschungsinstitut der USA, dem Energieministerium unterstehend, war im Zweiten Weltkrieg die Atombombe entwickelt worden – das Manhattan Project. Nach dem Krieg konzentrierte man sich auf die Konstruktion von Atomreaktoren für die zivile Nutzung. Das Argonne National Laboratory war auch aus diesem Grund der Bedeutung der Institution eine wichtige Station in Lefkovits' Karriere. Dort bekam er die Methodik auf dem goldenen Tablett serviert, von Norman und Leigh Anderson, Vater und Sohn. Beide waren Biologen und waren es gewohnt, in unüblich breitem Kontext zu agieren. Norman hatte im Oak Ridge National Laboratory die sogenannte Zonale Zentrifuge entworfen und konstruiert. Die Idee von Norman Anderson, alle Proteine (in allen Spezies) zu indexieren und kartographieren war zur damaligen Zeit (achtziger Jahre) durchaus ambitiös. Das Projekt hiess Human Protein Index (HPI) und wurde als nicht machbar taxiert (heutzutage wird es mit der KI durchaus möglich). Lefkovits lernte die beiden äusserst innovativen Köpfe sehr zu schätzen.

Die Stadt wurde 1983 bis 1987 vom ersten schwarzen Bürgermeister, dem Demokraten Harold Washington, regiert und ein junger Anwalt namens Barack Obama arbeitete damals für eine gemeinnützige Organisation und lernte in einer Anwaltskanzlei Michelle Robinson kennen, die später seine Ehefrau wurde. Natürlich nutzte Lefkovits seine freie Zeit, um die kulturellen Schätze Chicagos zu erkunden. Seine Wege führten ihn in das Chicago Cultural Center mit seinen freien Konzerten und Kunstausstellungen und auch in das Art Institute of Chicago mit den berühmten Bildern von Edward Hopper. In der Geburtsstadt der Skyscraper mit so bedeutenden Architektennamen wie Mies van der Rohe und Frank Lloyd Wright erklomm er den Sears Tower (heute Willis Tower), das bis 1998 mit 442 m höchste Gebäude der Welt. Das eine oder andere Jazzkonzert wird er in dieser Metropole des Jazz auch besucht haben.

Paris

Die Einladung von Harald von Boehmer zu einem ausgedehnten Aufenthalt in seinem Departement (Institut Necker) kam ziemlich unerwartet. Harald von Boehmer (1942–2018) kam an das BII nach seiner Postdoc-Stelle in Australien (WEHI, Melbourne) und wurde permanentes Mitglied. Von Boehmers Forschungsschwerpunkt war die Rolle der T-Lymphozyten im Immunsystem. 1992 wechselte er als Forschungsdirektor an das Institut National de la Science et de la Recherche Médicale in Paris und wurde 1993 Professor am Institut Necker.

Während Ivan und Hana sich in Oxford aufhielten, kam aus Paris die Nachricht von Boehmers, dass er eine neue – auf seine Bedürfnisse zugeschnittene – Stelle angetreten hatte. Er lud beide zu seiner „Housewarming party" ein. Also flogen sie von London nach Paris und von Boehmer empfing seinen alten Freund und Kollegen mit den Worten: ***„Also du magst Oxford lieber als Paris?"***. Etwas verblüfft wusste Lefkovits nicht so recht, was diese Anmerkung bedeuten sollte. Aber von Boehmer fuhr fort: ***„Ich habe festgestellt, dass du noch ein paar Sabbatical-Monate zu Gute hast".*** Und er bot ihm an, diese Monate bei ihm in Paris zu verbringen und bei ihm zu forschen. Das war natürlich ein Traumangebot, das Ivan und Hana nicht ausschlagen konnten. Sie fanden eine möblierte Wohnung in der Rue de Bièvre im 5. Arrondissement im Quartier Saint-Victor nahe der Seine. In unmittelbarer Nähe befanden sich die Kathedrale Notre-Dame, der Boulevard Saint-Germain und das Quartier Latin – und wären sie ein paar Jahre früher gekommen, hätten sie Francois Mitterrand in der gleichen Straße Hausnummer 22 antreffen können.

Harald wählte zu seinem Forschungsschwerpunkt der „positiven vs negativen" T-Zellenelektion noch einen klinisch relevanten Ansatz über Diabetes aus. Lefkovits sollte mit seinem Proteomikansatz Rezeptorunterschiede untersuchen. Er wurde auch gern gesehener Gast in der Forschungsgruppe von Jean-Claude Weil und Claude-Agnes Reynaud. Das Zweigespann Weil/Reynaud war vor Jahren Mitglied des BII gewesen.

Das Sabbatical war nicht nur ein wissenschaftliches, sondern auch ein komplexes soziales Ereignis. Zu viert, gemeinsam mit Monica und Harald, erkundeten sie die Kunstkolonie von Barbizon, Ausstellungen im Musée d'Orsay, im Musée Marmottan, in der Galerie Lafayette, im Palais Garnier und vieles mehr. Harald und Ivan fühlten sich auch durch die längst vergangenen Ereignisse der dunklen Nazizeit verbunden, denn Haralds Vater, Hasso von Boehmer, war Mitglied des Widerstandskreises um Stauffenberg gewesen. Die gemeinsame Zeit in der Stadt ging nach ein paar Monaten zur Neige, aber auch die Zeit von Harald und Monica näherte sich dem Ende. Das prächtige Haus in Fontainebleau mit den schönen Rosenbeeten wurde verkauft und ein neues Haus in der Boston Area wurde eingerichtet. Ivan und Hana waren auch an diesem neuen Ort gern gesehene Gäste.

Rotterdam

Robert (Rob) Benner (Jg. 1948), der jüngste Professor für Immunologie in den Niederlanden, war in früheren Jahren Mitglied des BII und hatte gemeinsam mit Lefkovits publiziert. Er kam mehrere Male nach Basel, um Versuche im LDA-System dort durchzuführen, und Lefkovits hielt öfter Vorträge im Rotterdamer Institut für Immunologie an der Erasmus-Universität, mit einer der weltweit renommiertesten medizinischen Fakultäten. Eine längere Zusammenarbeit lag also bereits hinter ihnen, als Benner ihn zu einem kurzen Sabbatical in seine Arbeitsgruppe einlud. Der Aufenthalt war von langer Hand geplant, doch war der Zeitpunkt dafür ungünstig: Die Auflösung des BII war bereits beschlossene Sache. Gemeinsam mit Hana genoss er den Aufenthalt und empfand ihn sowohl in der Forschungsstruktur von Benners Labor wie auch soziokulturell als sehr bereichernd. Rotterdams Hafen war damals der größte der Welt. Der Aufenthalt dort war immer sehr interessant, ob man die historischen Hotels der Emigranten nach Amerika besuchte oder ob man das gigantische Bauwerk des Nieuwe Waterweg mit seiner Sturmflutwehr Maeslantkering und ihrem 10 Meter umfassenden Kugelgelenk zum Schliessen der Tore erkundete. Auch die reformerischen Arbeitersiedlungen und kommunalen Gärten von Beginn des 20. Jahrhunderts beeindruckten sie.

Saranac Lake

Der Aufenthalt in Saranac Lake im Bundesstaat New York, wo sich das renommierte Trudeau-Institut befindet, fiel bereits in die Periode nach Lefkovits' Pensionierung. Mit den beiden Immunologen Richard (Dick) Dutton und seiner Frau Susan (Suzy) Swain waren sie seit den Zeiten im Paul-Ehrlich-Institut nicht nur wissenschaftlich in engem Kontakt, sondern auch eng befreundet. Für seine ersten Schritte in der Immunologie war Dutton die wichtigste Person gewesen. Lefkovits' Zeit am BII war bereits vorbei und eben hatte die Tätigkeit an der Uni angefangen, als die Einladung ans Trudeau Institut kam. Es war ein Forschungsaufenthalt „back to the nature", in das kleine Dorf nahe den Saranac-Seen, um nach getaner Arbeit mit dem Kajak die Seen zu befahren. Auch das Wiedersehen mit alten Kollegen vom Trudeau-Institut bereitete viel Freude.

Der Übergang zum Universitätsspital

Lefkovits erhielt einen Anruf aus dem Universitätsspital Basel. Professor Hans-Reinhard Zerkowski, Chefarzt der Kardiochirurgie, regte ein Treffen an und bot Lefkovits an, die Proteomforschung in seine Abteilung zu verlegen und die Leitung dieser Forschung zu übernehmen.

Zerkowski war 1998 von der Basler Regierung zum Chefarzt des Kantonsspitals gewählt worden. Zugleich wurde er ordentlicher Professor an der Medizinischen Fakultät der Universität Basel. Zerkowski erklärte Lefkovits, dass zu seiner Stelle ein Labor und ein Postdoc gehörten, er aber mit seiner ärztlichen Tätigkeit so ausgelastet sei, dass es eine willkommene Hilfe wäre, wenn er jemanden fände, der das Labor leitet. Für ihn wäre die Richtung Proteomik optimal. Ein schönes Stellenangebot!

Lefkovits kamen Zerkowskis Vorstellungen sehr entgegen, denn nach 30 Jahren Grundlagenforschung konnte ihm eine Tätigkeit in der angewandten Forschung – möglicherweise zum Nutzen von Patienten – sehr gefallen. So nahm er die Herausforderung an und trat im Januar 2002 – genau zu seinem 65. Geburtstag – die Stelle an. Er bekam ein Forschungsbudget und einen jungen Mitarbeiter, Thomas Grussenmeyer. Lefkovits durfte vom BII alle Instrumente mitnehmen, die er wollte, und es waren Instrumente im Wert von mehreren Millionen Franken. Er selbst arbeitete ehrenamtlich. Seine sehr gute Rente aus der Roche-Pensionskasse sollte ausreichen.

Die Tätigkeit am Universitätsspital (im Laufe der Jahre änderte sich die Bezeichnung von „Zentrum für Lehre und Forschung“ ZLF in „Departement für Biomedizin, Universitätsspital“) war sehr erfolgreich. Das Departement Biomedizin erfuhr mit der Proteomforschung eine wesentliche methodische Erweiterung. Dies schlug sich in der Zahl der Publikationen nieder, die Lefkovits gemeinsam mit Grussenmeyer und anderen verfasste.[50] Lefkovits betreute eine Reihe von Doktoranden, die heute Professoren an verschiedenen Universitäten in der Schweiz und in Deutschland sind. Unter ihnen sind Peter Matt, Martin Grapow, Anne von Orelli, Florian Lampert.

---

50 Zerkowski H.-R., Grussenmeyer T., Matt P., Grapow M., Engelhardt S. Lefkovits I.: Proteomics Strategies in Cardiovascular Research, J. Proteome Res. 3, 200 – 208, 2004.
Lefkovits I., Grussenmeyer T., Matt P., Grapow M., Lefkovits M., Zerkowski H.-R. Proteomics in clinical research: perspectives and expectations. In: Immunogenomics and Human Disease, ed. A. Falus, pp. 53 – 67, John Wiley & Sons, London, 2005.
Matt P., Grapow M., Grussenmeyer T., Lefkovits I., Zerkowski H.-R. Proteomic research in cardiovascular disease. Res Adv In Cardiology, 4, 25 – 30, 2005.
Matt P., Carrel T., White M., Lefkovits I., Van Eyk J. Proteomics in cardiovascular surgery. J. Thorac Cardiovasc Surg. 2007 Jan; 133(1): 210 – 4.
Matt P., von Orelli A., Bernet F., Grussenmeyer T., Lefkovits I., Zerkowski H.-R. Proteomics of ascending aortic aneurysm with bicuspid or tricuspid aortic valve. Asian Cardiovasc Thorac Ann. 2007 Jun;15(3):185 – 90.
Lampert F. M., Matt P., Grapow M., Lefkovits I., Zerkowski H.-R., Grussenmeyer T. „Turnover proteome“ of human atrial trabeculae. J. Proteome Res. 2007 Nov; 6(11): 4458 – 68.
Matt P., Fu Z., Carrel T., Huso D. L., Dirnhofer S., Lefkovits I., Zerkowski H.-R., Van Eyk J.E. Proteomic alterations in heat shock protein 27 and identification of phosphoproteins in ascending aortic

Die Auflösung des BII-Labors und der Umzug der gesamten Laboreinrichtung war leicht zu bewerkstelligen. Doch im ZLF in der Basler Hebelstrasse wurden bauliche Veränderungen für das Proteomlabor notwendig und zwischenzeitlich gab es für Lefkovits ein Provisorium in der Frauenklinik . Dort waltete Prof. Wolfgang Holzgreve, ein Pionier der Pränataldiagnostik. Bei Holzgreve fanden interessante Diskussionen statt, und dort lernte Lefkovits auch Carl Djerassi, den berühmten „Vater der Pille" kennen (er selbst bevorzugte „Mutter der Pille" genannt zu werden).[51]

Am ZLF stand Lefkovits in regem Kontakt mit dem Molekularbiologen Radek Skoda. Skoda wurde bald Direktor für biomedizinische Forschung. Lefkovits nahm auch Kontakt zu seinen ehemaligen BII-Kollegen Gennaro de Libero und Lucia Mori auf, denn nicht alle hatten Basel verlassen. Etliche waren in der Stadt geblieben und etablierten sich sowohl in der Pharmaindustrie wie auch an der Universität. Zu ihnen gehörten Jean Pieters, Ed Palmer, Louis Du Pasquier, Ulf Grawunder, Ursula Günthert.

Wie schon früher dargestellt, ist Proteomik eine analytische Methode zur Untersuchung der Bestandteile von Zellen auf molekularer Ebene. Diese Methode kann sowohl in der Grundlagenforschung als auch im klinischen Umfeld eingesetzt werden. Im ZLF konnten Körperflüssigkeiten oder Proben aus Biopsien untersucht werden, allerdings mit der Einschränkung, dass keine radioaktive Markierung verwendet werden konnte. Aber auch in dieser Forschung gibt es experimentelle Modelle mit Tieren, bei denen eine radioaktive Markierung doch möglich ist. So gibt es einen speziellen Rattenstamm, der Herzinsuffizienz aufweist. Dieser Stamm, die so genannten Dahl-Ratten, wurde verwendet, um die Komponenten zu identifizieren, die zur Entwicklung der Herzinsuffizienz beitragen.

Die Arbeiten wurden in mehreren Zeitschriften, wie im Journal of Proteome Research, in Research Advances in Cardiology, Journal of Thoracic Cardiovascular Surgery, Journal of Molecular and Cellular Cardiology und auch in der Zeitschrift für Herz-, Thorax- und Gefässchirurgie veröffentlicht.

Lefkovits beendete seine experimentellen Arbeiten in den Jahren 2014/15. Sein treuer Mitarbeiter Thomas Grussenmeyer zog nach Freiburg im Breisgau um und Lefkovits schloss sein Labor 2016 und begab sich, nunmehr 79 Jahre alt, in den Ruhestand. Er behielt aber sein Büro im Vesalianum in der Vesalgasse bis zur Covid-Pandemie 2020.

---

aneurysm associated with bicuspid and tricuspid aortic valve. J. Mol Cell Cardiol. 2007 Dec; 43(6): 792 – 801.
Lefkovits I. Proteomik; Erforschung molekularer Krankheitsursachen. Z. Herz-, Thorax- und Gefässchir. 2008, 22: 7 – 15.
Grussenmeyer T., Meili-Butz S., Dieterle T., Traunecker E., Carrel T. P., Lefkovits I. Quantitative proteome analysis in cardiovascular physiology and pathology. I. Data processing. J. Proteome Res. 2008 Dec; 7(12): 5211 – 20.
Radpour R., Sikora M., Grussenmeyer T., Kohler C., Barekati Z., Holzgreve W., Lefkovits I., Zhong X. Y. Simultaneous isolation of DNA, RNA, and proteins for genetic, epigenetic, transcriptomic, and proteomic analysis. J. Proteome Res. 2009 Nov; 8(11): 5264 – 74.
Grussenmeyer T. Meili-Butz S., Dieterle T., Brink M., Winkler B., Matt P., Carrel T. P., Eckstein F. S., Lefkovits I. Quantitative proteome analysis in cardiovascular physiology and pathology. II. Dahl rat model of heart failure J. Proteome Res. In press.

51 Carl Djerassi, Die Mutter der Pille – eine Autobiografie, Zürich 1992.

Abb. 42: Spotlight bei Researchgate über die Anzahl der Veröffentlichungen.

Die Forschungstätigkeit der Jahre 2002 bis 2015 am ZLF war bereits ein „slow landing", die nicht seine volle Arbeitskapazität beanspruchte. Das ermöglichte ihm, zusätzliche Aufgaben auf sich zu nehmen. Er konnte den Auftrag vom Institut und anschliessend von Roche entgegennehmen, die historischen Dokumente des Instituts zu sichern, zu sichten und für die Aufbewahrung vorzubereiten. Diese Arbeit führte er gemächlich (ein Tag pro Woche), aber doch mit vollem Einsatz aus.

Abb. 43: Historisches Archiv Roche (Arbeiten an der Geschichte des Instituts).

Es war keineswegs vorgesehen, dass aus seiner Arbeit im Historischen Archiv von Roche eine eigenständige Publikation entstehen sollte. Im Laufe der Arbeit wurde jedoch deutlich, dass sich die Mosaiksteine der Institutsgeschichte zu einem besonders interessanten „Ganzen" zusammenfügen lassen. So entstand das Manuskript „History of the Basel Institute for Immunology", das 2017 im Karger Verlag in einer sehr schönen, aufwendigen Aufmachung erschienen ist.

Bei dieser Arbeit konnte Lefkovits auf die Unterstützung des

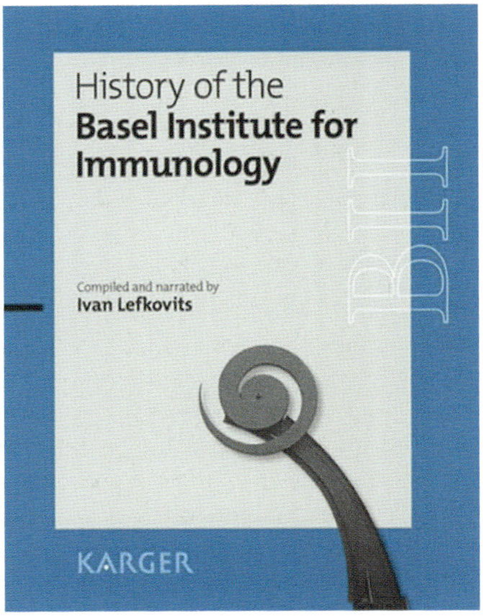

Abb. 44: Zusammenfassung der 30 Jahre BII-Forschung.

Archivleiters Alexander Bieri zählen. Begleitet wurde die Arbeit von Leslie Nicklin, ehemalige Sekretärin des BII und langjährige treue Mitarbeiterin von Lefkovits dort. Und das Buchprojekt führte eine technische Innovation ein: QR-Codes, die heute eine Selbstverständlichkeit sind, wurden in Büchern noch nicht verwendet. Der Erfinder von QR-Codes, Masahiro Hara, hatte die Codes für den Autohersteller Toyota entwickelt; er sollte bei der internen Logistik helfen. Der renommierte Karger-Verlag war sich gar nicht sicher, ob QR-Codes für ein Buch geeignet seien. Das Departement Geschichte der Universität Basel, insbesondere Prof. Martin Lengwiler, halfen, eine Datenbank auf die Beine zu stellen, in der Terabytes von Informationen über das BII enthalten sind. Die Datenbank enthält alle Jahresberichte des Instituts, hunderte von Projektbeschreibungen und ganze Filme. Lefkovits schuf damit ein Werk, das in umfassender Weise die Geschichte des BII für die Nachwelt erhielt.

Ein Teil dieser Informationen befindet sich im Roche-Archiv, ein anderer Teil als zukünftiger Nachlass (zu Lebzeiten als Vorlass bezeichnet) von Lefkovits an der Universität Basel. Die Struktur der Datenbank wurde von Lefkovits und Eric Decker erstellt.

Das Buch wurde feierlich im Roche Auditorium lanciert. Es wurde und wird von zahlreichen Interessenten genutzt.

Lefkovits bemerkte bei seiner Rede im Auditorium mit einem Anflug von Selbstironie, dass er verstanden habe, dass seine wissenschaftlichen Beiträge sich verselbständigt hatten und dass es für junge Wissenschaftler interessanter sei zu hören, wie es im BII „zuging", als etwas über die Limiting Dilution Analyse zu erfahren.

Die Summer Schools: Aufbauhilfe für den Osten

Die weltpolitischen Ereignisse der Jahre 1989/1990, der Untergang des russischen Imperiums in Osteuropa, berührten und interessierten die ehemaligen Bürger der Tschechoslowakei Ivan und Hana Lefkovits sehr. Lange genug hatten sie auf eine Veränderung in ihrem Heimatland und den anderen Ostblock-Ländern gehofft, jetzt war sie da. Lefkovits betrachtete es als seine Pflicht, mit seiner wissenschaftlichen Erfahrung und seinen Kompetenzen diesen Ländern zu helfen, um den Wissenschaftsbetrieb dort voranzubringen. Das betraf die Tschechoslowakei und auch andere Länder des ehemaligen Ostblocks wie etwa Lettland. Die Akademie der Wissenschaften in Prag bat ihn, bei der Umstrukturierung und Modernisierung der Organisation der Wissenschaft mitzuwirken. Lefkovits selbst entwickelte die Idee einer Summer School für Immunologie in der Tschechoslowakei, die dann von 1991 bis 1995 durchgeführt werden konnte.

Das BII gehörte zu den Institutionen, die in der Lage waren, sofort nach der „Wende" Hilfe zu leisten. Hier fanden sich die bedeutendsten Immunologen und auch ein finanzielles Reservoir. Das BII wollte helfen und Roche förderte diese Hilfe. Es fanden sich weitere Unterstützer, die finanzielle Mittel zur Verfügung stellten: die Schweizerische Gesellschaft für Allergologie und Immunologie (SGAI), die European

Abb. 45: Vortrag in Lissabon bei Feierlichkeiten zu Jernes 100. Geburtstag.

Federation of Immunological Science (EFIS) und die die Deutsche Gesellschaft für Immunologie (DGFI). Die Gelder dienten der Unterstützung von Studierenden und ihrer Unterkunft vor Ort sowie dem Transport von Instrumenten.

Lefkovits' Engagement war stark. Bei der Sitzung der SGAI wollte er 10 Minuten Zeit in Anspruch nehmen, um die Wichtigkeit des Projektes zu dokumentieren. Zu seiner Überraschung wurden ihm nur 2 Minuten gewährt. Er war verärgert: ***„Das ist eine der wichtigsten Entscheidungen der Osthilfe und ich bekomme nur 2 Minuten, um dies zu erklären!“***. Doch man beschwichtigte ihn: ***„Ivan, du hast 5.000 CHF beantragt, diesen Betrag bekommst du ohne Probleme, aber 2 Minuten müssen reichen“.***

Im Jahr 1991 organisierte er zuerst einen Spring Course for Immunology in der tschechischen Hauptstadt Prag, sozusagen einen ersten Versuchsballon, um Bedingungen und Interesse zu testen. Die Kurse waren exzellent und äusserst erfolgreich, doch die Ausstattung der Unterrichtsräume und die Unterkünfte spotteten zum Teil jeder Beschreibung. Es fehlte an allem: Frühstück zu erhalten war nervenaufreibend, selbst Kaffeepausen zwischen den Vorträgen zu organisieren war aufwendig. Es fehlte sogar an Kaffeetassen und man musste für alles anstehen. Lefkovits ärgerte sich immer mehr und just als seine Unzufriedenheit gerade zum Höhepunkt strebte, baten ihn zwei slowakische Wissenschaftler, Cebecauer und Rovensky, doch nächstes Jahr eine Summer School in Piestany, einem Heilbad im Westen der Slowakei, abzuhalten. Lefkovits entgegnete erst einmal abweisend, dass die Bedingungen für einen solchen Kurs nicht gegeben seien. Rovensky bat ihn jedoch inständig, nicht nein zu sagen und sich die Ausstattung in Piestany doch wenigstens anzuschauen. Das tat er denn auch und war überrascht, wie gut das Institut in Piestany ausgestattet war. So fand die First Central European Immunology Summer School vom 30. August bis 5. September 1992 dort statt.

Das Gesundheitsministerium der Slowakischen Republik fand sich zur Schirmherrschaft bereit und viele immunologische Gesellschaften in Europa sponsorten die Kurse. Der praktische Teil der Summer School wurde in Amsterdam und Basel vorbereitet, während für die Infrastruktur Piestany zuständig war. Vom BII hatte Lefkovits als Dozenten David Avila, Jean-Marie Burstedde, Roland Gisler, Jim Kaufman, Antonio Lanzavecchia, Alexandra Livingstone, Fritz Melchers, Fillipo Oliveri, André Traunecker und Michael V. Miles gewonnen. Darüber hinaus beteiligten sich Lucien Arden und Els de Groot aus Amsterdam, Antonio Coutinho aus Paris, Günter J. Hämmerling aus Heidelberg, Karl-Ulrich Hartmann aus Marburg, Hans Hengartner aus Zürich, Peter J. Lachmann aus Cambridge, Polly Matzinger aus Bethesda, Roald S. Netzlin aus Rehovot und Carlos A. Pereira aus Sao Paolo. Ivan Buc, Miroslav Ferencik und Jaroslav Sterzl kamen aus der Tschechoslowakei. Der Unterricht war unterteilt in Vorlesungen und Laborarbeit.

Da sich die hohe Qualität der Summer School schnell herumsprach und grosse Nachfrage hervorrief, fiel die Entscheidung für eine Wiederholung im nächsten Jahr leicht. Sie fand Ende August 1993 im südlichen Böhmen in České Budejovice statt, im deutschen Sprachraum als Budweis bekannt. Die Zahl der Dozenten war etwas rückläufig, doch nahmen neu Louis Du Pasquier (Basel), Jean Langhorne (Basel), Jacques Louis (Lausanne), Hans-Peter Pircher (Zürich) und Hans-Jürgen Thiessen (Basel) als Dozenten teil.

Für den nächsten Veranstaltungsort Kosice hatte sich – ein Jahr später – eine Gruppe aktiver junger Wissenschaftler von dort eingesetzt, angeführt von Helga Hrbkova. Das Programm der Summer School zierte das Bild „The flowers“ von Andy Warhol (eigentlich Andrew Warhola), dessen Original im Museum of Modern Art im benachbarten Medzilaborce hängt.[52] Das Kleeblatt von Andy Warhol hatte eine zusätzliche Funktion: Vier Teilnehmergruppen wurden in vier funktionale Einheiten unterteilt. Es war ein Laborkurs und jeder Teilnehmer trug ein farbcodiertes Namensschild – man wusste, wer zu welcher Arbeitsgruppe gehörte. Das belebte die wissenschaftliche Diskussion. Kosice ist eine ehemalige Industriestadt im Osten der Slowakei, deren De-Industrialisierung nach 1989 deutliche Spuren hinterlassen hat. Den Charme der Stadt konnte, wie Lefkovits anmerkt, auch ein halbes Jahrhundert realer Sozialismus nicht zerstören. In Kosice – nahe der Geburtsstadt von Lefkovits gelegen – wird ausser slowakisch auch ungarisch und ukrainisch gesprochen.

Als neue Dozenten konnte Lefkovits Marie Kosco-Vilbois und Francis Vilbois gewinnen, beide in Basel tätig. In der diesjährigen Summer School verfügte Lefkovits einige kleine Änderungen. Sonntags fand ein Kurs „Introduction to the immune system“ statt (Melchers und Gisler). Vormittags fanden gemeinsame Vorlesungen statt, nachmittags ein aufgeteiltes Programm: 64 Teilnehmer (4 x 16) für das Labor mit speziellen Methoden, 100 Teilnehmer für das Theorie-Programm. Am Ende stand die Abschlussvorlesung mit dem Examen und einem Attest. Die Teilnehmer kamen mittlerweile nicht nur aus Tschechien und der Slowakei, sondern auch anderen Staaten des ehemaligen Ostblocks. Wie beliebt die Summer School war, zeigte sich daran, dass Einige zum wiederholten Mal teilnahmen und ein paar wenige sogar zum dritten Mal.

Die vierte und abschliessende Summer School vom 2. bis 9. September 1995 verortete man in Prag. Sie stand diesmal auf besonderen Wunsch von Lefkovits unter der Schirmherrschaft der Akademie der Wissenschaften. Er kehrte damit an seinen früheren Wirkungsort zurück, wo er promoviert hatte und wo der damalige Institutsdirektor Ivan Malek garantiert hatte, dass Lefkovits von seinem Aufenthalt in Neapel zurückkommen würde. Doch Malek war längst nicht mehr Institutsdirektor. Er hatte sich 1968 für Dubceks ***„Sozialismus mit menschlichem Antlitz“*** eingesetzt, war Abgeordneter des Parlaments geworden. Im Mai 1969 wurde er seines Postens enthoben, seine Publikationen und seine Büchersammlung wurden aus seinem Büro entfernt, mit einem LKW vor seinem Haus auf das Strassenpflaster gekippt. Malek hatte unter anderem Werke *Zur Bedeutung der biologischen Wissenschaften in der sozialistischen Gesellschaft* und über *Die Zukunft der Biologie* verfasst. Wirkungslos geworden, lebte er wie ein Einsiedler in seiner Wohnung und starb 1994. Nach der „Samtenen Revolution“ wurde der Immunologe Jaroslav Sterzl Direktor der Akademie. Ihm oblag die undankbare Aufgabe, den Personalbestand von 15 000 Wissenschaftlern (!) auf 6500 zurückzufahren.

Die Wahl von Prag als Veranstaltungsort für die letzte Summer School schien logisch, doch sie warf etliche Probleme auf. Die Distanzen in der Grossstadt waren schwieriger zu bewältigen, es erforderte Zeit und Geld, zum Kurs anzureisen. Preisgünstige Unterkünfte waren in der Hauptstadt schwer zu finden. Die Kursgebühren

52 Medzilaborce gilt fälschlich als Geburtsort von Andy Warhol, der in Pittsburgh/USA geboren wurde. Seine Eltern stammten aus Medzilaborce.

mussten von 65 Schweizer Franken auf 200 SFr. erhöht werden, das entsprach dem Monatsgehalt eines Wissenschaftlers in Tschechien! Aus all diesen Gründen konnten von den 200 Bewerbern nur die Hälfte angenommen werden. Die Auswahl fiel bei den vielen qualifizierten Bewerbern sehr schwer.

Der Kurs fand auf Wunsch von Lefkovits am Institut für Mikrobiologie statt, das er ja bestens kannte. Unter den Dozenten fanden sich viele bereits von den vorigen Kursen bekannte Namen. Neu hinzu kam Peter Grob aus Zürich, Martina Brandl und Birgit Jaspert (Marburg), Jacques Robert (Basel), Helena Tlaskalova, David P. Funda und Bozena Cukrowska von der Akademie der Wissenschaften. Die experimentelle Arbeit wurde von André Traunecker (Basel) und Lucien Aarden (Amsterdam) geleitet.

Mehr als 500 junge Wissenschaftler wurden in den vier Summer Schools ausgebildet. Vielen der Absolventen ist es gelungen, mit den Zertifikaten der Summer School erste Schritte in die westliche Forschungswelt zu machen.

Die Kontakte mit der Tschechoslowakei überdauerten Jahre. Die Jahrzehnte der Emigration schienen weit zurückliegen. Ivan Lefkovits nahm an unzähligen Aktivitäten der Akademie der Wissenschaften teil, und auch mit der Staatselite, sei es mit dem Präsidenten der Tschechischen Republik Vaclav Havel, wie auch mit seinem Bruder Ivan Havel war er bekannt.

Ivan Havel war Direktor des Instituts für Theoretische Studien, wo Lefkovits regelmässig Vorträge hielt. Mit der Slowakei gab es nach dem friedlichen Auseinandergehen des gemeinsamen Staates auch Kontakte. Ivan Lefkovits erhielt den Ehrendoktor der Universität Prešov und wurde mit der Goldenen Medaille der Universität Košice ausgezeichnet.

Abb. 46: Im Tinguely-Museum mit Ivan Havel, Basel.

Dekan Univerzity Pavla Jozefa Šafárika v Košiciach, Lekárskej fakulty

udeľuje

prof. Dr. Ivanovi Lefkovitsovi, Dr.h.c.

ZLATÚ MEDAILU UPJŠ LF

pri príležitosti osláv

60

výročia založenia UPJŠ LF

prof. MUDr. Leonard Siegfried, CSc.
dekan UPJŠ LF

V Košiciach 24.9.2008

Profesor Ivan Lefkovits: „To, čím sa odlišujem

Imunológ s veľkým srdcom

Abb. 47, 48, 49: Auszeichnungen in Prešov, Košice und Prag.

Abb. 50 und 51: Mit Präsident Vaclav Havel.

Abb. 52. Staatsdinner mit Dagmar und Vaclav Havel.

Nach der „Samtenen Revolution“ hielten sich Ivan und Hana oft und gerne in Tschechien und Prag auf, hauptsächlich zu kulturellen Veranstaltungen wie zum Beispiel zur Konzertsaison des „Prager Frühlings“, mit dem Einführungskonzert am 12. Mai 2013 mit Bedrich Smetanas „Má vlast“ (Meine Heimat).

Abb. 53: Prager Frühling 12. Mai 2013 mit Bedrich Smetanas „Má vlast“.

Schweizer werden

„Die Schweiz war für mich von Anfang an etwas sehr Positives, und das ist sie bis heute geblieben. Ich war jung, als ich ankam, hatte keine Starallüren, fuhr mit einer alten Karre dorthin, und mein Fachwissen war in keiner Weise sichtbar."

So schildert Lefkovits im Nachhinein seine Ankunft im Jahr 1970 und die Entwicklung seines Verhältnisses zur Eidgenossenschaft. Man nahm ihn auf, ohne viel über ihn zu wissen, und gab ihm die Chance, sich zu bewähren.

Es war nicht das erste Mal, dass Lefkovits in die Schweiz und nach Basel eingereist war. Schon im Juli 1960, als er noch in Prag lebte, hatte er seinen Onkel Arthur Wollner und seine Tante Eva in Basel besucht und mit ihnen gemeinsam das Land bereist. Familie Wollner war der Deportation ins KZ entgangen, sie waren rechtzeitig aus der Slowakei geflohen. Aus der Verwandtschaft war es die einzige Familie, die den Holocaust überlebt hatte. Es war Tante Eva, von der Ivan nach dem Krieg das erste Paket mit Schokolade erhalten hatte – für das Kind unvergesslich. Von Neapel aus nutzten Ivan und Hana die Gelegenheit, um den Onkel im Sommer 1965 und 1967 erneut zu besuchen. Zu dem Zeitpunkt konnten die beiden frei reisen, während es 1960 eher eine glückliche Fügung gewesen war, da man von Zeit zu Zeit eine sogenannte „Devisenzusicherung" (devizový příslib) erhalten konnte, und damit eine Ausreisegenehmigung.

Im Februar 1969 richtete Lefkovits ein Gesuch um die Aufenthaltsbewilligung bei der Fremdenpolizei ein.[53] Eigentlich hätte er zu diesem Zeitpunkt bereits die deutsche Staatsbürgerschaft erhalten sollen, weil sein Stiefvater Gabi schon den deutschen Pass besaß. Das zog sich jedoch bis in den Dezember 1969 hin, dann konnte er sich als Deutscher um die Aufenthaltsbewilligung in der Schweiz bewerben. Nur noch die Erklärung über Vorstrafen stand im Januar 1970 an, die er mit „NEIN" beantworten konnte.

Es war eine extrem ungünstige Zeit, um als Arbeitsmigrant in die Schweiz zu kommen. Denn der Spross der Zürcher Textilindustriellen-Dynastie und Rechts-Politiker James Schwarzenbach hatte eine Initiative lanciert, die den Anteil ausländischer Arbeitskräfte auf 10 % reduzieren wollte. Die waren indes bereits überschritten und so hätte die Annahme der Initiative bedeutet, dass ungefähr 350 000 Ausländer das Land hätten verlassen müssen. Nach einer heftigen Diskussion in der Öffentlichkeit, die nicht frei von rassistischer Hetze war, wurde die Initiative mit einer knappen Mehrheit von 54 zu 46 % im Juni 1970 verworfen.

Die Fremdenpolizei in Basel sprach sich für die Annahme des Antrags auf Aufenthalt von Lefkovits aus. Als Begründung hieß es, dass man mit der Aufnahme der Grundlagenforschung auf dem Gebiet der Immunologie solche Spezialisten benötige. Hoffmann-La Roche standen bestimmte Kontingente an ausländischen Arbeitskräften

53 Im folgenden StABS, Akten der Fremdenpolizei Ivan, Hana und Michal Lefkovits. PD-REG 3c, 3 – 1 (1) 175439.

zu, die benötigt wurden. Die Fremdenpolizei deutete an, dass auch die Eröffnung eines eigenen Kontingents für das Institut für Immunologie möglich sei. Die wirtschaftlichen Gründe der Entwicklung des Landes standen also bei dem positiven Bescheid im Vordergrund.

Für Ivan, Hana und Michael bedeutete es nach dem Verlassen ihres unfreien Heimatlandes und weiteren Ortswechseln ein Ankommen. Ivan hatte eine herausragende Stellung als Wissenschaftler, auch Hana fand eine ihrer Qualifikation entsprechende Stelle und so wurde die Zukunft auf einen längeren Zeitraum hin planbar. Die Gehälter gestatteten ein schönes Leben mit Haus, Ferien und vielleicht auch dem Original einer Rolex, die sich Ivan auf dem Schwarzmarkt in Neapel nur als Fälschung gekauft hatte. Er hatte seine Chance, die ihm die Schweiz bot, wahrgenommen. Und dafür empfand er auch eine Dankbarkeit gegenüber dem Land, das ihm dies ermöglicht hatte.

In einem Interview gefragt, ob er sich als Schweizer Patriot empfinde, antwortete er, dass er kein Patriot von irgendeinem Land sei. Dem standen wohl seine Lebenserfahrungen in der nazifizierten Slowakei und der kommunistischen Tschechoslowakei entgegen. Auch die Bindungen an die Bundesrepublik Deutschland, deren Pass er ja hatte, blieben eher gering. Die Identifikation mit der Schweiz wurde sehr stark durch Sohn Michael vorangetrieben, der die vorherigen Lebensstationen nur als Kind erlebt hatte und der jetzt in der neuen Heimat aufwuchs. Ihm eine Zukunft zu bieten, bildete eine wesentliche Motivation, in der Schweiz zu bleiben und nicht wie viele Wissenschaftler-Kollegen dem Standort jeweils neuer Stellen zu folgen. In Bettingen ließ es sich gut leben. Im Sommer wie im Winter. Michael konnte die Freiheiten eines Dorfes in vollen Zügen genießen. Er sollte sich zum Schweizer Patrioten entwickeln, machte Karriere im Militär bis zum Major und studierte Medizin an der Universität Basel.

In der kleinen Gemeinde Bettingen, wo sich Familie Lefkovits ein Haus gekauft hatte, waren sie 1970 die ersten Migranten im Dorf. Wenn sie vielleicht anfangs noch etwas kritisch beäugt wurden, so sprach sich doch schnell herum, dass Lefkovits als Spitzenwissenschaftler in dem neuen Institut von Roche angestellt war. Zu den Nachbarn entwickelte sich rasch ein freundschaftliches Verhältnis und die Familie tat auch vieles, um sich in das Dorf – wo jeder jeden kannte – zu integrieren. Auch an den Besonderheiten schweizerischen Brauchtums wie dem Bannumgang, einer Wanderung an den Grenzen der Gemeinde entlang, nahm Lefkovits teil. Der Gemeindepräsident – der ihn noch flüchtig kannte – klopfte Lefkovits beim Bannumgang anerkennend auf die Schulter und sagte den Herumstehenden: ***„Er ist ein guter Steuerzahler.“*** Es erging Ivan auch nicht so wie seinem australischen Kollegen Graham Mitchel (in anderen Wohnvierteln), an dessen Wohnungstür am Samstag die Nachbarn klingelten und ihn daran erinnerten, dass sein Volkswagen schmutzig sei. Bis sie statt einer weiteren Erinnerung den Wagen dann selber wuschen. Die Nachbarn.

Mit dieser Form von helvetischem Patriotismus konnte Ivan gut leben.

Schweizern und auch Baslern wird gerne nachgesagt, dass sie gegenüber Fremden und Neuankömmlingen sehr reserviert seien. Zwar höflich und freundlich, aber distanziert und schwer für engere Freundschaften zu gewinnen. Mancher deutsche Professor hatte sich schon beklagt, dass er auch nach Jahren noch kein Schweizer Wohnzimmer gesehen habe, sprich: noch niemals eingeladen worden sei. Für Lefkovits eröffnete jedoch das Umfeld des Instituts gesellschaftliche Türen. Kollege Theo Staehelin gehörte zu den prominenten Basler Oberschichtfamilien, genannt Daig, und empfing die Familie Lefkovits wie auch andere BII-Kollegen in seinem Haus in Arlesheim immer wieder herzlich. Diese Freundschaft hat sich dann über die Generationen hinweg fortgesetzt bis zur Familie Zellweger.

Auch mit der Familie von Johann Rudolf Frey, Vater und Sohn gleichen Namens, war Lefkovits freundschaftlich verbunden. Er publizierte gemeinsam mit Frey jun. und Hansruedi Brenner, deren Vorfahren, Emil Frey und Ernst Brenner, Bundesräte für Basel-Land bzw. Basel-Stadt waren. So ergaben sich für Familie Lefkovits Bekanntschaften und Freundschaften, die sie in die höhere Basler Gesellschaft einführten. Frey lud Lefkovits auch bald zu sich nach Hause in Riehen ein, erst allein, dann mit seiner Frau Hana. Nelly Frey und Hana Lefkovits wurden schnell Freundinnen. Auch zu der Familie von Theo Staehelin entwickelte sich rasch eine private Freundschaft. So spürten Lefkovits' wenig von der Zurückhaltung der Schweizer gegenüber Fremden. Sie glitten über die Kontakte zu Pletscher, Frey und Staehelin in ein privates soziales Netzwerk hinein und spürten nichts von der Distanziertheit, die Neuankömmlinge bei den Einheimischen oft spürten. Auch dass sie ihren Wohnort im kleinen Dorf Bettingen oberhalb von Riehen wählten, half ihnen zusätzlich bei der Gewinnung eines privaten Freundeskreises.

Hana hatte mittlerweile eine Arbeit bei Ciba-Geigy gefunden, sie wirkte an einem Interferon-Projekt mit, in dem sie „in vitro“ Messmethoden einführen sollte.

Michael ging auf die Schule in Bettingen, später wechselte er ins Bäumlihof-Gymnasium nach Basel. Michael war auch der erste in der Familie, der das Schweizer Bürgerrecht beantragen konnte (bei Kindern zählte die vorgeschriebene Wartezeit doppelt). Im April 1980 stellte er den Antrag. Die Prüfung war umfangreich, die Fremdenpolizei zog Erkundigungen bei den Bettinger Nachbarn und auch bei Lehrern und Schülern der Gymnasialklasse ein. Michael wurde positiv attestiert, dass er ***„die Eigenheiten der örtlichen Bevölkerung angenommen habe“*** (welche sind die?), Baseldytsch spreche, ein guter, wenn auch zurückhaltender Schüler sei und in seiner Freizeit im Roche-Tennisclub spiele.[54] Das Fazit der Behörde sah ihn als gut assimilierten Ausländer, dem man das Bürgerrecht erteilen könne.

Bei dem Ehepaar Lefkovits dauerte der Einbürgerungsprozess noch eine Weile und wurde durch ein besonderes Erlebnis angekurbelt. Ivan und Hana waren zu einem Geburtstagfest einer Freundin am Toten Meer in Israel eingeladen. Beide reisten noch mit deutschen Pässen. Ivan musste früher abreisen, da er am European Immunology Meeting in Istanbul teilnehmen wollte. So musste Hana allein die Rückkehr in die Schweiz antreten. Auf dem Ben Gurion-Flughafen bekam sie jedoch unerwartet Probleme. Bei der Passabfertigung kam es den israelischen Sicherheitsbehörden verdächtig vor, dass jemand, der aus der Tschechoslowakei stammt, die deutsche Staatsangehörigkeit besitzt, in der Schweiz lebt und der Gatte sich momentan in Istanbul aufhält. Nach einem langen und unangenehmen Verhör erreichte Hana knapp den Flug. Aus der Schweiz rief sie Ivan in Istanbul an und begann das Gespräch ohne Einleitung

54 StABS, Akten der Fremdenpolizei Ivan, Hana und Michal Lefkovits. PD-REG 3c, 3–1 (1) 175439. Beantragung des Schweizer Bürgerrechts Michael Lefkovits 23. April 1980.

mit: ***„Ivan, ich will Schweizerin werden!“***. Das war der Beginn des Erwerbs der neuen Staatsbürgerschaft. Das notwendige polizeiliche Führungszeugnis bescheinigte Lefkovits ***„klagloses Verhalten und einwandfreie Führung“***. Am 22. Oktober 1986 wurden mit Grossratsbeschluss Ivan und Hana als Bürger von Bettingen bestätigt. Zu dem Zeitpunkt war Michael schon Schweizerbürger.

Man könnte meinen, dass die tschechische Exilgemeinde in Basel und in der Schweiz eine gewisse Anziehungskraft auf das Ehepaar Lefkovits ausgeübt hätte. Seit der Niederschlagung des Prager Frühlings lebten und arbeiteten mehrere Tausend Tschechen und Slowaken in der Stadt, vor allem bei den vier damals grossen Chemie- und Pharmaunternehmen Ciba, Geigy, Sandoz und Roche. Doch die Gemeinsamkeit der Sprache reichte nicht aus, um sich mit anderen Tschechen und Slowaken anzufreunden. Man wusste auch nicht, ob der eine oder andere vielleicht mit dem kommunistischen Regime zusammenarbeitete. Misstrauen und Angst vor der Diktatur wirkten bis in die Schweiz.

Weder Hana noch Ivan haben Kontakte in die alte Heimat gesucht oder gepflegt. Aber wenn sich jemand meldete und um Hilfe bat, wurde er oder sie nie abgewiesen. Wissenschaftler, die zu Konferenzen in den Westen kamen – was sehr selten vorkam – mussten nach ihrer Rückkehr berichten, wen sie aus dem Emigrantenmilieu getroffen hatten. Das alles hörte nach der Wende 1989 schlagartig auf, und die Kontakte wurden unbelastet wieder aufgenommen.

Hanas Eltern sind nach der Niederschlagung des Prager Frühlings 1968 in Prag geblieben, doch nach ihrer Pensionierung konnten sie die Schweiz mehrmals besuchen. Jahre später, im Frühling 1982, erkrankte Hanas Mutter schwer. Weder Hana noch Ivan durften in ihre alte Heimat reisen, aber Hana Lefkovits wollte unbedingt ihre Mutter noch einmal sehen. Sie wandte sich an die tschechoslowakische Botschaft in Bern. Dort wurde sie schroff abgewiesen: ***„Genossin Lefkovits, Sie brauchen uns jetzt. Das hätten Sie sich früher überlegen sollen. Sie haben Ihr Land verraten. Nein, Sie bekommen kein Einreisevisum und ich garantiere Ihnen, dass Sie Ihre Mutter nie wiedersehen werden.“***

Hanas Mutter lag in einem Prager Krankenhaus. Es war nicht ungewöhnlich, dass die Tochter einer Patientin den Chefarzt aufsuchte, aber nicht, wenn die Tochter im „feindlichen“ Ausland lebte. Hana liess die Vorsichtsmaßnahmen fallen, rief den Chefarzt in Prag an und zu ihrer Überraschung und Erleichterung versprach dieser, die Mutter provisorisch so zu behandeln, dass sie für einen Kurzbesuch in die Schweiz reisen konnte. In Prag war es kein Problem, die Ausreisepapiere zu besorgen, die Ambulanz brachte die Mutter zum Flugzeug und die Tochter konnte sie in Basel in Empfang nehmen. So konnte sie ihre Mutter zum letzten Mal sehen. Zehn Tage nach der Rückkehr in Prag starb sie.

Die Kontakte mit den jeweiligen Neuankömmlingen im Institut eröffneten interessante Erfahrungen für Lefkovits. Die „Neuen“ sahen ihn als „Alteingessenen“ in der fremden Umgebung, obwohl der zeitliche Vorsprung so groß nicht war. Sie holten bei ihm Ratschläge über Kontoeröffnung, Einschulung der Kinder, Aufenthaltsbewilligungen oder die Krankenkasse ein. Er führte sie in die Schweiz ein. Diese internationale Wissenschaftler-Gemeinschaft bildete den neuen Freundeskreis, man lud sich gegenseitig zu Parties und zum Essen ein, verbrachte freie Zeit miteinander. Kollegen aus den Vereinigten Staaten wie Jack Kettman, der Kanadier Chris Paige, Graham Mitchell aus Australien, die bereits erwähnten britischen Wissenschaftler Herman Waldmann, Arnold Feinstein und Peter Lachmann sowie Alma Luzzati aus Italien fanden sich im Freundeskreis. Es waren noch noch altmodische Zeiten, die Männer standen beisammen und die Ehefrauen scharten sich um Hana, die wenig Zeit hatte, weil Kinder zu Mittag kamen und sie beruflich ziemlich ausgelastet war.

Anders lief es bei den Flüchtlingen. Menschen, die nach der Unterdrückung des Prager Frühlings in die Schweiz kamen, fanden Hilfe bei vielen karitativen Organisationen, seien es jüdische, christliche oder überkonfessionelle. Die jüdische Flüchtlingshilfe, die vor allem von dem Schweizerischen Israelitischen Gemeindebund (SIG) und dem Verband Schweizerischer Jüdischer Fürsorgen (VSJF) geleistet wurde, blickten auf eine lange Tradition der Unterstützung zurück.[55] Lefkovits kannte die historischen Fakten über die Einführung des Judenstempels und die Abweisung und Deportation tausender jüdischer Flüchtlinge in der Zeit des „Dritten Reiches". Gerade nach Riehen und in seinen Wohnort Bettingen waren in dieser Zeit viele Flüchtlinge aus Nazi-Deutschland gekommen. Was Lefkovits erst nach und nach erfuhr, war, dass die jüdischen Flüchtlinge durch den erwähnten SIG, den VJSF und auch durch die örtlichen jüdischen Gemeinden vielfältige Hilfe erfuhren. Die Flüchtlinge sollten nicht dem Staat zur Last fallen.

Familie Lefkovits war zwar aus der Tschechoslowakei geflohen, doch sie kamen nicht als Flüchtlinge in die Schweiz. Mit dem Antritt einer wissenschaftlichen Stelle am Institut waren Lefkovits' Bedingungen vergleichsweise sehr komfortabel. Bei der Basler Jüdischen Gemeinde liess er sich nicht eintragen und er sah wenig Anlass, sich an den Aktivitäten der Gemeinde zu beteiligen.

An antisemitische Äußerungen gegen ihn kann sich Lefkovits weder in der Schweiz noch in Deutschland erinnern, mit einer Ausnahme. Als Reaktion auf ein Interview über Konzentrationslager hatte er einen Leserbrief geschrieben und daraufhin einige Hassbriefe erhalten – im digitalen Zeitalter nennt man das einen Shitstorm. Doch ein antisemitisches Ereignis blieb in seinem Gedächtnis haften: Er erhielt eine Postkarte – anonym und ohne Briefmarke – mit wüsten antisemitischen Beschimpfungen. Der Leiter des Bettinger Postamtes meldete sich bei ihm. Er kannte den Inhalt der Postkarte, da er bei einer offenen Karte nicht an das Postgeheimnis gebunden war. Der Posthalter bezahlte das fehlende Porto aus eigener Tasche.

Bücher hatten für Ivan und Hana immer eine große Rolle gespielt. Begierig hatte Ivan auf die Termine von Neuerscheinungen in den Prager Buchhandlungen gewartet. Je nach den Konjunkturzyklen geistiger Freiheit, die das kommunistische Regime gewährte, waren auch Werke zu erhalten gewesen, die als etwas kritisch interpretiert werden konnten. Und die Literatur hatte Ivan einen Freiraum eröffnet, die ihn über die tristen Verhältnisse hinaushob. Im Oktober 1967 kam die Familie in den Westen nur

55 Jacques Picard, Die Schweiz und die Juden 1933–1945. Schweizerischer Antisemitismus, jüdische Abwehr und internationale Migrations- und Flüchtlingspolitik, Zürich 1994.

mit dem Notwendigsten an, Bücher wären bei der Ausreise verdächtig gewesen. Nur eine Ausnahme gestatteten sie sich: die tschechische Ausgabe des Kinderbuchs *Bambi* von Felix Salten. Aus diesem Buch lasen sie Michael dann jeden Abend ein Kapitel vor. Eltern und Schwiegereltern sandten auf ihre Bitte hin weitere Kinderbücher, die auch ausserhalb der CSSR und dem Ostblock einen guten Ruf genossen.

Ivan und Hana stürzten sich auf die Literatur, die in Prag nicht erhältlich gewesen war: auf die Klassiker der Dystopie, die eine zukünftige totalitäre Gesellschaft schilderten wie Aldous Huxley und George Orwell. Gerade bei Orwell fanden sich mit der Tristesse grauer Mauern heruntergekommener Städte und dem allgegenwärtigen «Big Brother» viele Ähnlichkeiten zum «realen Sozialismus». Aber auch die Renegaten des Kommunismus wie Arthur Koestler und Milovan Djilas gehörten zu ihrer Lektüre. Mit Begeisterung kauften sie Bücher, die ihnen vorher nicht zugänglich gewesen waren. Zu den tschechischen Autoren in den Regalen von Lefkovits gehören insbesondere Vaclav Havel, Ivan Havel, Milan Kundera, Bohumil Hrabal, und von der jüngeren Generation Michal Viewegh, Michal Ajvaz und andere.

Der Tschechoslowakei verbunden blieben sie auch, indem sie nach der Niederschlagung des Prager Frühlings eine grosse Anzahl Bücher aus den oppositionellen Exilverlagen kauften. Ein wichtiger Verlag war 68 Publishers im kanadischen Toronto, Konfrontace in Zürich, der Verlag Index in Köln und etliche französische Verlage, die sich auf Solschenizyn konzentrierten. Diese Publikationen erreichen mittlerweile einen hohen Sammlerwert. Heute existiert in Prag eine Bibliothek der verboteten Literatur «Libri prohibiti», die sich den tschechischen und slowakischen Büchern in ausländischen Verlagen und in verbotenen Verlagen im Land widmet. Ivan besucht sie gerne, um zu stöbern und Trouvaillen zu finden.

So wuchs im Hause Lefkovits nach und nach eine ansehnliche Büchersammlung, die sich über alle Etagen erstreckt. Bücher in vielen Sprachen, die sie in Prag, aber auch auf ihren Reisen in Cambridge, Oxford, London und anderen Orten erwarben. Zum besonderen Stolz von Ivan Lefkovits gehört die sechste Auflage von Charles Darwins *The origin of species*, die noch zu Lebzeiten Darwins erschien. Oder die elfte Auflage der *Encyclopedia Britannica* von 1911.

Hana hütet ihre Bücher. Sie sind mit einem blauen Punkt am Rücken markiert. Ihr System der Ordnung ist nicht erkennbar, und doch sind ihre Bücher genau an diesem Platz und nicht anders positioniert. Ivan hat die Erlaubnis, Bücher auszuleihen, doch unter der strikten Bedingung, sie exakt dorthin zurückzustellen, wo er sie geholt hat. Bei Hana finden sich insbesondere die Wissenschaftstheoretiker Karl Popper und Ludwig Wittgenstein, die Existenzialisten Jean-Paul Sartre, Simone de Beauvoir und Karl Jaspers, auch Hannah Arendt und Elias Canetti haben ihren Platz.

Als Stiefvater Gabi verstarb und einige Jahre später Ivans Mutter, erbten sie deren Bücher und verstauten sie erst einmal in Kisten. Friedrich Torbergs *Tante Jolesch* öffnete den Blick für die Vergangenheit der österreichisch-ungarischen Monarchie. So stehen jetzt Karl Kraus – gerade mit seinem hundertfünfzigsten Geburtstag gefeiert –, Hugo von Hoffmansthal, Stefan Zweig, Franz Kafka, Max Brod und insbesondere Franz Werfel im Mittelpunkt ihres Interesses.

Abb. 54: Ivan und Hana Lefkovits in der Strahov-Bibiothek, Prag.

Auschwitz, Ravensbrück, Bergen-Belsen

Ivan Lefkovits wurde am 21. Januar 1937 in der slowakischen Stadt Prešov geboren. Er kam als zweites Kind des jüdischen Ehepaars Desider und Elisabeth Lefkovits zur Welt. Bruder Paul war sieben Jahre älter als Ivan.

Dr. Desider Lefkovits war Zahnarzt und betrieb in der Stadt eine Praxis mit mehreren Angestellten. Elisabeth Lefkovits, geb. Strausz, hatte an der Karls-Universität Prag Pharmazie studiert und 1926 den Magister erworben. Ihre Eltern Dr. Sigmund Strausz (1867–1934) und Anna Strausz-Horowitz (1872–1945) kamen aus dem akademischen jüdischen Bürgertum der Habsburger-Monarchie, zu der die Slowakei damals gehörte.

Prešov liegt im Osten der Slowakei, nahe der ungarischen, polnischen und auch ukrainischen Grenze. Die Stadtbevölkerung setzte sich in den dreissiger Jahren aus verschiedenen Ethnien zusammen und es wurden verschiedene Sprachen gesprochen. Elisabeth Lefkovits sprach slowakisch, konnte sich aber in Ungarisch am besten ausdrücken. Ebenso war die Stadt multireligiös: Römisch-katholisch dominiert, aber auch mit anderen christlichen Konfessionen und einer relevanten jüdischen Minderheit.

Die Tschechoslowakische Republik war 1918 nach dem Ende des Ersten Weltkriegs aus der österreichisch-ungarischen Monarchie entstanden und war eine parlamentarische Demokratie mit der Hauptstadt Prag. Der junge Staat erwarb sich internationale Anerkennung durch seinen wirtschaftlichen Erfolg und seine liberale Atmosphäre; vor allem die Hauptstadt glänzte in den zwanziger Jahren mit wegweisenden kulturellen Aufbrüchen – beispielsweise auch dem Surrealismus[56] – und wurde zur Weltstadt. Elisabeth Lefkovits dürfte dies in ihren Prager Studienjahren beeindruckt und beeinflusst haben.

Als in Deutschland 1933 die Nationalsozialisten an die Macht gelangten, schien dies für Familie Lefkovits in Prešov keine wesentlichere Bedeutung zu haben. Doch schon fünf Jahre später wurde im Münchner Abkommen das tschechische Sudetenland Deutschland zugesprochen. Nach der Zerschlagung der Tschechoslowakei im März 1939 entstand der slowakische Staat mit dem Priester Jozef Tiso als Präsidenten und programmatisch mit Judenverfolgung nach deutschem Vorbild, d. h. mit Ausgrenzung, Arisierung und bald mit Deportationen. Um das öffentliche Leben am Laufen zu halten, benötigte der faschistische Staat jedoch jüdische Ärzte, Rechtsanwälte, Industriekader, Lehrer, Apotheker. Es wurden deshalb sogenannte „Výnimka" eingeführt, eine Ausnahmeregelung für Juden, die der Staat brauchte und denen er gewisse Freiheiten zugestand; Personen mit „Výnimka" mussten sich vor der Deportation nicht fürchten.

Die Familie Lefkovits erhielt diese für die „wirtschaftlich wichtigen Juden" bestimmte Ausnahmeregelung. Die Zahnarztpraxis Lefkovits wurde enteignet, arisiert, und man setzte Lefkovits seinen eigenen („arischen") Assistenten vor die Nase; immerhin durfte er in untergeordneten Positionen weiterarbeiten.

56 Reinhard Spieler, Gegen jede Vernunft. Surrealismus Paris – Prag, Stuttgart 2009.

Der slowakische Staat ordnete sich dem deutschen Willen unter und es fiel dem Staat leicht dies zu tun, weil die faschistische Ausrichtung sich völlig mit den deutschen Intentionen deckte. 1941 verabschiedete die slowakische Regierung den Judenkodex, der mit den Nürnberger Gesetzen deckungsgleich war.

Das erste KZ auf dem Gebiet der Slowakei wurde in Sered im Oktober 1941 erstellt, anschliessend weitere in Novaky und Vyhnia. Die erste Deportation in das vom Deutschen Reich besetzten Polen war im März 1942. Es wurden 58.000 Personen deportiert, hauptsächlich junge Frauen (nach Auschwitz und Majdanek). Aus dieser Gruppe haben 200 Personen überlebt.

Die Ausgrenzungen betrafen nicht nur die erwachsenen Personen im Arbeitsprozess, sondern auch Kinder. Paul durfte keine guten Noten von der Schule nach Hause bringen. Das war die Anweisung der Schulleitung, aber auch die Überzeugung der faschistisch gesinnten Lehrer, von denen die meisten Mitglieder der Hlinka-Garde[57] waren. Im Herbst 1943 hätte Ivan eingeschult werden sollen, doch Juden durften jetzt nicht mehr zur Schule gehen. Ivans Mutter brachte ihm privat Lesen, Schreiben und Rechnen bei. Das ging gut, denn Ivan war ein folgsames und lernwilliges Kind.

Der Prešover katholische Pater Titus stand der Familie nahe und empfahl ihnen, zum christlichen Glauben überzutreten, um der Judenverfolgung zu entgehen. Sie erklärten sich einverstanden und nach wochenlanger Vorbereitung taufte er dann die Familie. Doch dies würde ihnen leider nichts nützen.

Nach der ersten Deportationswelle in das deutsche Reichsgebiet im März 1942 hörten die Deportationen erst einmal auf. Der Vatikan intervenierte bei Tiso; es passte dem Heiligen Stuhl nicht, dass aus einem Land mit einem Priester an der Spitze Menschen in den Tod geschickt wurden. Doch 1943 wurde die Rhetorik des faschistischen Regimes immer aggressiver, der Ruf nach der endgültigen Vernichtung der Juden unüberhörbar. Hetzjagden, Verhaftungen, Beschlagnahmungen von Wohnungen nahmen zu.

Seit der Schlacht von Stalingrad (1943) wusste man im Land, dass die Deutschen den Krieg verlieren würden. Es war auch die Rede davon, dass Ungarn, ein treuer Verbündeter Deutschlands, versuchen würde, sich aus der Bindung zu den Achsenmächten zu lösen. Jedenfalls schien es – und das war eine Fehleinschätzung –, dass in Ungarn die Überlebenschancen für Juden viel größer waren.

Familie Lefkovits wagte es deshalb, die Flucht nach Ungarn zu unternehmen. Zuerst ging Ivans Vater, dann Ivan. Ivan kam bei der entfernt verwandten Zahnarztfamilie von Dr. Odon Propper in Budapest unter. Hier sollte er so lange bleiben, bis auch seine Mutter und sein Bruder in der Stadt ankamen. Doch dazu kam es nicht. Die deutsche Wehrmacht besetzte Ungarn am 19. März 1944 und sofort setzte der Terror gegen die jüdische Bevölkerung ein. Der Name von Adolf Eichmann und das Programm der „Endlösung der Judenfrage“ war allen bekannt und Eichmann fing sofort nach der Besetzung an, das Programm voranzutreiben. Dr. Propper brachte Ivan in ein Heim für taubstumme Kinder, wo er nicht auf Geräusche wie etwa Sirenenheulen reagieren

57 Hlinkas Slowakische Volkspartei, benannt nach dem Parteiführer und Priester Andrej Hlinka, war eine slowakische klerikalfaschistische Partei, die das Land ab 1938 unter Jozef Tiso diktatorisch führte. Die Hlinka-Garde war eine paramilitärische Organisation der Partei in der Art der deutschen SA und für zahlreiche Verbrechen verantwortlich.

durfte, da alle taub waren. Hier schien er vorerst vor Verfolgung geschützt. Nach einigen Tagen wurde Ivan abgeholt und nach Prešov zurückgeschickt. Ivans Vater schaffte die Rückkehr nicht mehr, er wurde in Budapest in den letzten Kriegstagen ermordet.

Für Ivan und Paul ergab sich eine Möglichkeit der Unterbringung im katholischen Waisenhaus in Kremnica (Westslowakei). Nach einigen Wochen in Kremnica geschah bei Paul etwas und er sagte zu Ivan, dass er die Umstände in Kremnica nicht mehr aushalten könne (was passierte, ob Schikane, antisemitische Vorfälle oder Heimweh nach Mama, erfuhr Ivan nie). So brannte Paul eines Abends mit Ivan durch nach Hause, in einer abenteuerlichen Nachtfahrt mit Zug und Bus. Der schon erwähnte Pater Titus war wieder zur Stelle, er ermöglichte für Paul und Ivan die Unterbringung im Prešover Waisenhaus. Es war erstaunlich, dass Lefkovits' immer wieder auf die Hilfe der katholischen Kirche zählen konnten, war doch das slowakische Kollaborations-Regime von einem katholischen Priester geführt. Doch als die Stadt bombardiert wurde und auch das Waisenhaus getroffen wurde, kam es zur Evakuierung des Waisenhauses. Und wieder begann die Suche nach neuem Unterschlupf.

Zu diesem Zeitpunkt war der Nationale Aufstand in vollem Gange. Mutter Lefkovits (gedeckt noch durch die „Výnimka") konnte weiterhin in der Pfeiler-Apotheke arbeiten. Die Familie Stracensky, die in dem nahen Dorf Lipovec wohnte, bot Paul und Ivan Unterkunft an. Stracensky, vormals Zahntechniker in der Praxis von Lefkovits, war Mitglied der Hlinka-Partei. Als solches war er über die Massnahmen der Hlinka-Garde gut informiert und konnte Familie Lefkovits meist warnen, wenn sie in Gefahr waren. Und er tat dies auch. Doch als jemand im Dorf Paul erkannte, war auch dieses Versteck der Brüder aufgeflogen.

Die Aufhebung der „Výnimka" war (zeitlich) nicht klar definiert, doch spätestens nach der Niederschlagung der Revolte galt sie als aufgehoben. Die Rumpffamilie – Frau Lefkovits, Paul und Ivan – wurde nach mehreren Verstecken von der SS und der Hlinka-Garde aufgespürt, verhaftet und nach Ravensbrück und dann nach Bergen-Belsen deportiert. Der Transport in Viehwaggons nach Ravensbrück, die Fahrt in dunklen Waggons, nur mit einem Kübel für die Notdurft in der Nähe, war grauenhaft. Die Fahrt dauerte mehrere Tage. Zwischenstopps, quietschende Räder, Waggons, die hin- und hergeschoben wurden.

Der Zug kam nachts an einer Rampe zu stehen. Erst 50 Jahre später erfuhr Ivan bei Feierlichkeiten zur Befreiung von Bergen-Belsen, dass dieser Halt in Auschwitz gewesen war, genauer im Nebenlager Birkenau. Der Zug blieb mehrere Stunden stehen und nichts geschah. Es war genau zu dem Zeitpunkt, als die Vergasungen in Auschwitz auf Befehl Himmlers wegen der vorrückenden Roten Armee eingestellt worden waren. Der Zug fuhr weiter zum KZ Ravensbrück.[58]

Das KZ-Lagersystem Ravensbrück (im Norden Brandenburgs) gilt als das größte Frauen-KZ auf dem Gebiet des Deutschen Reichs. Es war kein Vernichtungslager wie Auschwitz, sondern ein Lager, in dem Frauen der Zwangsarbeit zugeführt wurden. Zu dem Zeitpunkt, als Ivan, Paul und ihre Mutter eintrafen, waren dort ungefähr

58 Lenka Sindelarova, Finale der Vernichtung. Die Einsatzgruppe H in der Slowakei 1944/1945, Darmstadt 2013, S. 104.

46 000 Frauen mit Kindern interniert sowie 7800 Männer, getrennt im Männerlager. Die Evakuierung der KZ im Osten ließ die Häftlingszahl ständig anschwellen und die Verhältnisse wurden zunehmend unerträglich.[59]

Als die lange Zugfahrt in Ravensbrück endete, mussten allein im Waggon der Lefkovits' siebzehn Leichen geborgen werden. Nach der Registrierung wurde Paul von Ivan und der Mutter getrennt, denn er musste ins Männerlager. Sie sollten ihn nie wiedersehen.

Elisabeth Lefkovits meldete sich freiwillig zur Arbeit im Aussenkommando, denn dadurch konnte sie die zugeteilte minimale Nahrungsration etwas erhöhen; es bedeutete konkret eine Extraportion Suppe für Ivan. Beim Arbeitskommando musste sie 5 bis 6 m lange Telegrafenbalken zu zweit auf den Schultern transportieren. Kurze Zeit nach der Ankunft in Ravensbrück bekam Ivan hohes Fieber und die Lagerärztin stellte bei ihm eine beidseitige Mittelohrentzündung fest. Ausser einer Art Aspirin konnte sie nicht helfen und empfahl heisse Umschläge. Die Mutter machte die Umschläge mit einem Tuch, das sie in ihren heissen Kaffee tauchte. Wider Erwarten erholte sich Ivan von der Entzündung und trug keine Schäden davon.

Weihnachten 1944 verbrachten die Häftlinge noch in Ravensbrück, doch Anfang 1945 verbreitete sich das Gerücht, dass das Lager wegen der heranrückenden Roten Armee evakuiert werden könnte – irgendwo in den Westen, weit weg von der Front. Die Nachricht von der Befreiung von Auschwitz am 27. Januar 1945 gab den Häftlingen Hoffnung. Leider eine falsche Hoffnung. Ab Januar 1945 fanden einige Transporte in andere Konzentrationslager statt.

Die Insassen der Baracke, in welcher Ivan und seine Mutter untergebracht waren, wurden in ein riesiges Sammelzelt verlegt und von dort aus ging die Evakuierungskolonne los. Es war eine Fahrt in Viehwaggons, teilweise auch sehr lange Fussmärsche.[60] Ivan war geschwächt und konnte schlecht gehen, musste zum Teil auf dem Arm oder dem Rücken getragen werden. Eine Freundin, Klári Fischer, half den kleinen Ivan zu tragen.

Überall in Bergen-Belsen lagen unbestattete Leichen herum, auf den Wegen, an den Mauern, im Wald. Manchmal zu Haufen gestapelt, manchmal verstreut. Die Toten waren zu Skeletten abgemagert und trugen nur noch Fetzen ihrer Kleidung. Krankheiten wie Ruhr, Typhus und Tuberkulose hatten sich schnell im Lager ausgebreitet. Ivan dämmerte nur noch apathisch vor sich hin. Er hatte Hungerödeme an Bauch und Beinen. Irgendwann konnte er vor Schwäche nur noch auf allen vieren gehen. Tatsächlich trafen sie Bekannte aus Prešov, Marta Baumöhl und ihren gleichaltrigen Sohn Zigmund.

Dann folgte die Befreiung. Am 15. April traf die 11. Panzerdivision der British Army mit einer Sanitätseinheit ein. Sie fand 60 000 Menschen im Lager vor, viele dem Tod näher als dem Leben. Die Britische Armee war auf alles vorbereitet, aber nicht auf das, was sie hier vorfand. Es dauerte noch 48 Stunden, aber am 17. April schafften die Briten Wasser in Zisternenwagen heran und verteilten Nahrungsmittel. Mutter Lefkovits und ihr Sohn assen nur eine bescheidene Menge. So blieb ihnen das Schicksal vieler

59 Bernhard Strebel, Das KZ Ravensbrück. Geschichte eines Lagerkomplexes, Paderborn 2003.

60 Standardwerk dazu Daniel Blatman, Die Todesmärsche 1944/45. Das letzte Kapitel des nationalsozialistischen Massenmords, Berlin 2011. Die Evakuierung von Ravensbrück S. 270 – 278.

erspart, die durch übermäßiges Essen an einem Magendurchbruch umkamen. Auch nach der Befreiung starben noch 14 000 Häftlinge. Ivan wog mit acht Jahren nur noch neun Kilogramm (drei Tage nach der Befreiung von britischen Sanitätern gewogen).

Marta Baumöhl, Mutter von Zigmund, starb kurz nach der Befreiung an Typhus. Zigmund, genannt Zigi, überlebte. Wie alle anderen, erkrankten auch Elisabeth, Ivan und Zigmund an Flecktyphus. Im ehemaligen SS-Ausbildungszentrum wurden Spitalsäle eingerichtet und die befreiten, aber völlig entkräfteten Insassen wurden von der Ambulanz in das Spital transportiert. Ein weiches Bett, Suppen, Tee und Gebäck, Säfte waren wie das Paradies. Nachdem sie sich etwas erholt hatten, kamen sie drei Monate in ein Rekonvaleszentenheim. Ivan erhielt von einer schwedischen Delegation einen Zeichenblock und Farbstifte geschenkt. Seine Zeichnungen kamen vor eine Kommission und waren so gut, dass sie ein Angebot erhielten, nach Schweden zu gehen und dort für Ivan eine Ausbildung im Zeichnen und Malen zu erhalten. Doch sie wollten nach Prešov zurück.

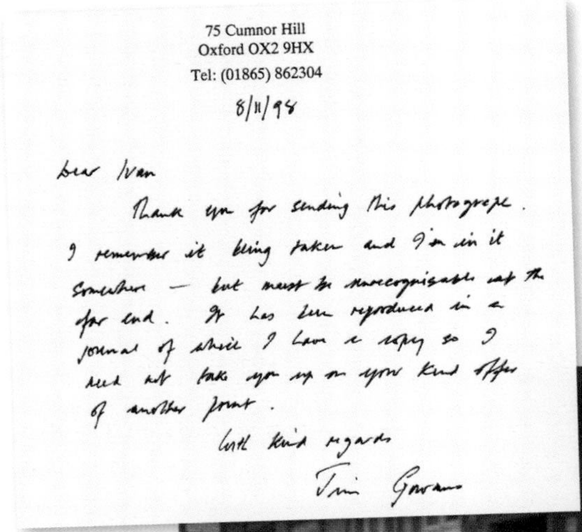
75 Cumnor Hill
Oxford OX2 9HX
Tel: (01865) 862304

8/11/98

Dear Ivan

Thank you for sending this photograph. I remember it being taken and I'm in it somewhere – but must be unrecognisable at the far end. It has been reproduced in a journal of which I have a copy so I need not take you up on your kind offer of another print.

With kind regards

Jim Gowans

Abb. 55: (a) Brief von Jim Gowans, einem der Medizinstudenten, die im KZ Bergen-Belsen nach der Befreiung Hilfe geleistet hatten; (b) Britische Medizinstudenten leisteten lebensrettende Arbeiten nach der KZ-Befreiung.

Holocaust-Erinnerungsarbeit

Die traumatischen Erfahrungen des Kindes Ivan Lefkovits, die Verschleppung ins KZ, das Martyrium und Grauen dort – acht Jahre alt und tausende Leichen, wie er seine Erfahrungen selbst bezeichnete – verfielen in der Familie erst einmal dem Schweigen. Es fand kein Gespräch über das Geschehene statt, und das über Jahrzehnte. Fragte er seine Mutter nach Bruder Paul und nach seinem Vater, traten ihr Tränen in die Augen. Es war erst Ivans Sohn Michael, der nach der TV-Ausstrahlung des amerikanischen Vierteilers „Holocaust“ in Deutschland 1979 Fragen an seine Grossmutter stellte und den Erinnerungs- und Aufarbeitungsprozess einleitete.[61]

Daraus entstand das Buch von Elisabeth Sommer-Lefkovits „Ihr seid auch hier in dieser Hölle? Erinnerungen an die unheilvollen Zeiten 1944–1945“, das sie unter Mithilfe von Ivan ursprünglich nur als Privatdruck verfasste; der Zürcher Chronos-Verlag zeigte Interesse und publizierte es 1994. Das Bildmaterial hatte Ivan aus dem Imperial War Museum in London erhalten, das die Original-Filmrollen der British Army über Bergen-Belsen besitzt.

Im Jahr 1995 erhielt Ivan eine Einladung der deutschen Bundesregierung zum 50. Jahrestag der Befreiung von Bergen-Belsen und dies bildete für ihn eine wirkliche Wende in der Erinnerung und Verarbeitung. Bei dem Festakt hielten die beiden höchsten Vertreter des Staats, der Bundespräsident und die Bundestagspräsidentin, Reden über die Schuld, die Sühne und das Lernen daraus. ***„Ich habe mit Erstaunen erkannt, dass zwei Menschengenerationen nach dem Holocaust eine breite Schicht der Deutschen bereit ist, die Bluttaten der Großvätergeneration als eine Zukunftsverantwortung zu tragen, und diese Erkenntnis ist ein wichtiger Bestandteil der Überwindung meines eigenen Traumas geworden“***, sagt Lefkovits.[62]

Bei dem Festakt lernte er eine Frau kennen, die ganz offensichtlich im selben Deportationszug gewesen war wie er und seine Mutter. Während sie im hinteren Teil des Zuges waren, konnte die Frau in den vorderen Waggons den Ort des Zugstopps identifizieren: die Rampe, den Wachtturm, das Tor. Es war Auschwitz-Birkenau gewesen. Das erfuhr Ivan erst jetzt bei diesen Feierlichkeiten.

Seit vielen Jahren fanden auf dem Gelände der Gedenkstätte Bergen-Belsen geschichtspädagogische Projekte für Schüler aus ganz Europa statt, die Sommer Workcamps. An dem authentischen Ort erarbeiteten sich Schüler unter Anleitung Wissen zum Holocaust und zum Nationalsozialismus. Lefkovits erhielt eine Einladung, an dem Workcamp 2005 teilzunehmen, dort einen Vortrag zu halten und den Jugendlichen im Gespräch zu begegnen. Für die Schüler wurde er als Zeitzeuge zum Mittelpunkt ihrer Auseinandersetzung mit der Geschichte. Bei einem weiteren Sommercamp wurde er gefragt, ob er noch Kontakt zu Klári Fischer habe, der Frau, die ihn während des

61 Auch bei vielen Deutschen fand erst nach der Ausstrahlung des Films eine Auseinandersetzung mit dem Nationalsozialismus und dem Holocaust statt. Der Film bildete eine Zäsur.

62 Ivan Lefkovits, Bergen-Belsen, vollendet – unvollendet, Berlin 2016, S. 12.

Todesmarsches auf dem Rücken getragen hatte. Lefkovits verneinte dies, doch nach dieser Episode beschloss er, Klári Fischer in Israel zu kontaktieren, wo sie mittlerweile lebte. Als Klári für ein paar Tage nach Prag kam, trafen sie sich dort in einem Restaurant.

Beim 65. Jahrestag der Befreiung des Lagers lernte er den Historiker Bernhard Strebel kennen, der seine Dissertation über das KZ Ravensbrück verfasst hatte. Die Dissertation wurde zum profunden Standardwerk darüber. Strebel konnte ihm mitteilen, dass er Überstellungslisten von Häftlingen nach Mittwerda gefunden habe, auf der auch der Name Paul Lefkovits vermerkt war. Aktion Mittwerda war ein Deckname für Vergasung. Sein Bruder Paul war am 8. April 1945 dorthin überstellt worden, eine Woche vor der Befreiung.

Die Vergangenheit wollte einfach nicht ruhen.

Ivan Lefkovits erachtete es als seine Pflicht, über seine persönlichen Erlebnisse mit dem KZ-System der Nationalsozialisten in der Öffentlichkeit zu berichten. Insbesondere der jüngsten Generation, die den Holocaust nur aus den Schulbüchern kannte, wollte er seine Erfahrungen mitteilen. Ein Zeitzeuge, der die Barbarei und den Völkermord selbst miterlebt hatte wie er, konnte seiner Meinung nach in der Geschichtsbildung zum Holocaust mehr bewirken als trockene Schulmaterie.

Im Jahr 1995 wurde in der Schweiz von Gábor Hirsch und Otto Klein eine Kontaktstelle für Überlebende des Holocaust gegründet, um Zeitzeugen für die Schilderung ihrer Erlebnisse zu gewinnen. Zwei Jahre später konstituierte sich die Kontaktstelle als Verein mit Hirsch, Ivan Lefkovits, Andreas Sas, Christa Markovits und Eva Sigos als Vorstand. Die ursprünglich 24 Mitglieder nahmen auf über 400 Überlebende im Jahr 2000 zu.

Seine Aufgabe sah der Verein zuvörderst in der Geschichtsbildung zum Holocaust. Durch Kontakte zu Schulklassen, Filmprojekte, Vorträge und Interviews gaben die Mitglieder der Kontaktstelle ihre Lebensgeschichten an die nächsten Generationen weiter. Die gut dokumentierte Geschichte von Margot Dreifuss fand Eingang in Schweizer Lehrbücher und auch in den Bergier-Bericht.

Abb. 56: Vortragsreise mit dem Bundestagsabgeordneten Gert Weisskirchen.

Um die Position des Vereins zu stärken, suchte man den Kontakt zur Spielberg-Stiftung und zum Archiv für Zeitgeschichte an der ETH Zürich.

Ivan Lefkovits initiierte das Projekt einer Publikation der Lebensgeschichten von Überlebenden. Darin sollten Mitglieder des Vereins ihre Erlebnisse im KZ schildern. Ein nicht ganz einfaches Unterfangen, da nur die wenigsten von ihnen deutsche Muttersprachler waren. Es bedurfte der tatkräftigen Mithilfe von Studierenden des Instituts für Jüdische Studien der Universität Basel als Lektorinnen und Lektoren. Die Anschubfinanzierung durch den Manfred und Selma Eytan-Nachlass (Freiburg im Breisgau) und die Unterstützung durch das Eidgenössische Departement des Äusseren (Bern) haben dem „Memoirenprojekt" eine solide Form gegeben. Im Jahr 2015 konnte die komplette Sammlung der Memoiren an die Bundespräsidentin Simonette Sommaruga übergeben werden, allerdings nur als Privatdruck.

Hier trat nun ein aussergewöhnlicher Zufall ein, der eine erfolgreiche kommerzielle Veröffentlichung ermöglichte. Ivan Lefkovits lernte bei einem Besuch der Fondation Beyeler, dem Kunstmuseum in Riehen bei Basel, den bedeutendsten deutschen Gegenwartskünstler Gerhard Richter kennen. Es bedurfte nur eines kurzen Gesprächs und Richter erklärte sich bereit, die 15 Hefte der Reihe mit Bildausschnitten seines Birkenau-Zyklus zu gestalten. So erschienen die Hefte im renommierten Suhrkamp Verlag 2016 als Publikation in einem Schuber.

Lefkovits selbst hielt über lange Jahre hinweg Vorträge in Schulklassen Deutschlands und der Schweiz im Rahmen des Geschichtsunterrichts über den Nationalsozialismus. Eine vorbereitete Bilddokumentation mit Fotos der Briten vom KZ Bergen-Belsen erlaubte ihm eine eindrückliche Präsentation. Diese Kontakte zu Schülern, oft zwei Generationen jünger, befriedigten ihn sehr. Er erntete oft grosse Anerkennung und Respekt für seine Bereitschaft, als Zeitzeuge über die grauenhaften Erlebnisse zu berichten. Im April 2024 beendete er seine Zeitzeugengespräche aus Altersgründen und weil sie ihn immer mehr belasteten.

Abb. 57: Birkenau-Zyklus von Gerhard Richter.

Abb. 58: Zeitzeugnisse von 15 Holocaustüberlebenden.

Der Autor dieser Biografie konnte bei der Schilderung des Lebenslaufes völlig frei vorgehen. Ivan Lefkovits hat sich lediglich ausbedungen, dass dies nicht die Biografie eines KZ-Überlebenden, sondern die eines Immunologen sein soll. Deshalb steht – die chronologische Erzählung durchbrechend – die Geschichte des KZ-Opfers am Ende des Buchs.

Lefkovits ist sich durchaus bewusst, dass er und seine Familie Opfer der nationalsozialistischen Verfolgung waren, aber er wollte nicht, dass seine Geschichte durch dieses Prisma gesehen wird. Er pflegt diese Einstellung auch in seine Gespräche einzuflechten:

„Ich bin von Beruf Immunologe und vom Schicksal her Holocaust-Überlebender“.

Zu keinem Zeitpunkt – weder in seiner alten Heimat noch in seiner Wahlheimat Schweiz – hat er seine Vergangenheit verleugnet. Aber er will durch sein Leben und nicht durch sein Schicksal wahrgenommen werden.

Verzeichnis der Mitautoren der wissenschaftlichen Veröffentlichungen

Aarden, Lucien	Langjähriger Mitarbeiter, Mitautor zahlreicher Veröffentlichungen; CLB Central Laboratory of the Netherlands Red Cross Blood Transfusion Service (Sanguin)
Andersen, Vagn	BII Sabbatical, Co-Autor Autoradiographie
Anderson, Bob	Sabbatical-Aufenthalt bei Lefkovits; Pathologe aus Albuquerque
Anderson, Leigh	Gründer von Large Scale Biology Laboratory (LSB); Zweidimensionale Gelelktrophorese bei Lefkovits etabliert
Anderson, Norman	Vater von Leigh Anderson
Auffray, Charles	Molekularbiologe aus Paris, Mitautor; President European Institute for Systems Biology and Medicine
Baumöhl, Zigmund	Mitautor von Veröffentlichung über humane Tonsilen
Béhar, Ghislaine	Co-Autor
Benner, Rob	BII-Mitglied; Erasmus; Gastgeber von Lefkovits
Bianchi, Andre	Co-Autor
Braun, Dietmar	BII-Mitglied der ersten Stunde, Mitautor von klonalen Analysen
Brenner, Hansruedi	Co-Autor, Professor für Physiologie Uni Basel
Burger, Mikulas	Mitautor der ersten Veröffentlichungen (Doktorvater)
Cobbold, Steve	Oxford University
Coleclough, Chris	Memphis, mehrere Forschungsaufenthalte in Basel
Corley, Ron	Arbeiten über Supressorzellen (mit Berry Kindred)
Cosenza, Humberto	Arbeiten über T-unabhängige Immunantworten
Coutinho, Antonio	Arbeiten über Idiotypen; Gastgeber von Jerne, „anniversary conference“ in Lissabon
Di Girolamo, Mario	Zelllfreie Proteinsynthese (LIGB, Neapel)
Domínguez-Gerpe, Lourdes	
Dozmorov, Igor	Theoretische Arbeiten über LDA
Du Pasquier, Louis	Permanentes Mitglied BII, Langjährige Zusammenarbeit
Dutton, Dick	EMBO Kurs Frankfurt 1967; Gast in Lefkovits' Labor in Basel; Gastgeber für Lefkovits in Saranac Lake
Elliott, Bruce	Co-Autor

Feinstein, Arnold	Co-Autor Mikrokulturen
Fountoulakis, Michael	Zusammenarbeit bei Roche Basel (Proteomik)
Frey, Hans	Langjähriger Mitarbeiter und Co-Autor mehrerer Arbeiten
Fuji, Hiroshi	Mitarbeiter in Frankfurt; Co-Autor Review PFC
Gajendran, Gajen	ZLF Basel
Grapow, Martin	ZLF Basel
Grunberger, Dijon	Kollege aus Prag; Co-Autor, Arbeiten zu Caffeic acid
Grussenmeyer, Thomas	Mitarbeiter ZLF; Co-Autor mehrerer Arbeiten zu Dahl-Ratten
Hartmann, Klaus-Ulrich	Langjähriger Kollege aus Marburg; Habilitation von Lefkovits
Henriksen, Ole	Mitglied BII; Zusammenarbeit Cytokine
Henry, Claudia	Erste Mitarbeiterin in Frankfurt; langjährige Zusammenarbeit; Co-Autorin Review PFC
Houlgatte, Remi	Grenoble
Howie, Sarah	Co-Autorin BII
Jerne, Niels	Direktor PEI Frankfurt, Direktor BII Basel; Mentor und Initiator mehrerer Projekte
Jordan, Bertrand	Co-Autor
Kettman, Jack	Langjähriger Mitarbeiter; Co-Autor unzähliger Arbeiten
Kindred, Berenice	Co-Autorin mit Ron Corley über Supressor-Zellen
Köhler, Georges	Permanentes Mitglied BII; Co-Autor mehrerer Arbeiten
Koros, Aurelia	Co-Autorin Review PFC
Kovarova, Hana	Kollegin aus der Tschechoslowakei; Co-Autorin
Lariviere, Gertje	Zusammenarbeit Brüssel
Lassila, Olli	Zusammenarbeit Hühnermodelle
Levi-Schaffer, Francesca	Zusammenarbeit in Israel
Livingstone, Alexandra	Co-Autorin
Lucchiari, Maria	Co-Autor
Luzzati, Alma	Langjährige Mitarbeiterin BII; wichtige Co-Autorin über allelic exclusion
Matt, Peter	ZLF Proteomik
Müllner, Ernst	Co-Autor
Nezlin, Roald	Langjähriger Kollege vom Weizman-Institut; ursprünglich aus Moskau

Nguyen, Cathy	Kollegin von Remi Houlgatte, Grenoble
Nordin, Al	Co-Autor Review PFC
Pereira, Carlos	Wissenschaftler in Butantan Institut Sao Paolo; Gast in Lefkovits' Labor
Pernis, Ben	Permanentes Mitglied BII; Co-Autor; wichtige Bezugsperson
Pieters, Jean	Kollege BII (Co-Autor)
Pink, Richard	Co-Autor und langjähriger Kollege
Pleshakova, V.B.	Zusammenarbeit Moskau
Pluschke, Gerd	Arbeiten in in vivo Maus-labeling
Quintans, Jose	Erster Mitabeiter in Basel
Read, Stanley	Mitarbeit mit Alma Luzzati
Robinson, Peter	Co-Autor cell-labeling
Rovensky, Pavol	Wichtiger Sofwarespezialist (Software für Lefkovits' LDA)
Sanz, Jose Garcia	BII-Mitglied
Schreier, Max	Kollege aus Frankfurt
Sprent, Jonathan	Wichtige Mitarbeit mit „Thoracic duct"-Zellen
Steinberg, Charles	Permanentes Mitglied BII; wichtigster Mentor
Sukharov, Oleg	Co-Autor Moskau
Swain, Suzy	Gastgeberin Saranac Lake; Besucherin im Labor Lefkovits' (mit Dick Dutton)
Truffa-Bachi, Paolo	Projekte über Cyclosporin
Valiron, Odile	Zusammenarbeit in Grenoble
Waldmann, Herman	Co-Autor mehrerer Veröffentlichungen; Direktor Oxford Sir William Dunn School of Pathology
Watson, Jim	Interleukin 2-Reinigung
Wick, Georg	Professor in Innsbruck; wichtige Arbeiten an Hühnermodellen
Zerkowski, Hans-Rudolf	Direktor der Forschungsabteilung ZLF; Initiator für Lefkovits' Labor am ZLF
Zhu, Duzhang	Postdoc im Labor Lefkovits'; Co-Autor

ANHANG

Genealogie Familie Lefkovits

Grossvater:
Lipót Lefkovits

Birthdate:	circa 1854 (53)
Death:	6. July 1907 (49 – 57) Prešov, Prešov District, Prešov Region, Slovakia
Place of Burial:	Prešov, Prešov District, Prešov Region, Slovakia
Immediate Family:	Husband of Helén Lefkovits; Father of Jenő Lefkovics; Berta Ferderber; Tekla Hirschfeld; Alice Lefkovics; Ede Lefkovics and 3 others

Grossmutter:
Helén Lefkovits (Sonnenschein)

Birthdate:	estimated between 1826 and 1886
Death:	
Immediate Family:	Daughter of Mark Sonnenschein; Wife of Lipót Lefkovits; Mother of Jenő Lefkovics; Berta Ferderber; Tekla Hirschfeld; Alice Lefkovics; Ede Lefkovics and 3 others

Abb. 59: Desider Lefkovits.

Vater:
Dezső (Desider) Lefkovits

Birthdate:	circa 1897
Birthplace:	Prešov, Prešov District, Prešov Region, Slovakia
Death:	Budapest (ermordet am Donauufer)
Immediate Family:	Son of Lipót Lefkovits and Helén Lefkovits Husband of Elisabeth Zsuzsana Lefkovits Brother of Jenő Lefkovics; Berta Ferderber; Tekla Hirschfeld; Alice Lefkovics; Ede Lefkovics and 2 others

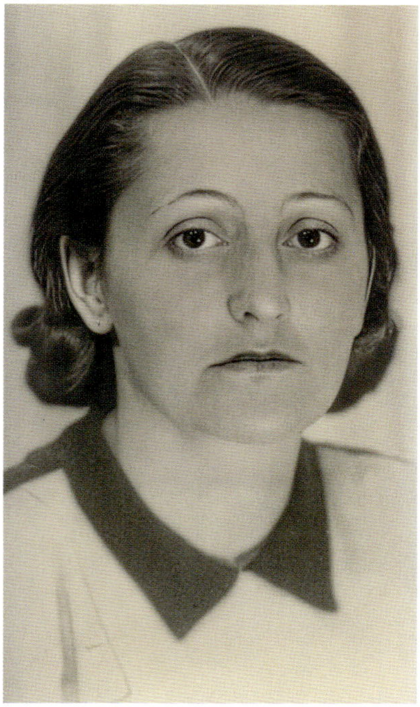

Mutter:

Elisabeth Lefkovits geb. Strausz

Birthdate:	25. January 1904
Birthplace:	Dunaföldvsr Monarchie
Death:	5. August 1994
Immediate Family:	Paul und Ivan (Söhne)

Abb. 60: Elisabeth Lefkovits (genannt Žuža).

Tanten und Onkel väterlicherseits:

Jenő Lefkovics

Birthdate:	circa 1886 (4)
Birthplace:	Košice, Košice Region, Slovakia
Death:	3. November 1890 (0–8) Prešov, Prešov District, Prešov Region, Slovakia
Immediate Family:	Son of Lipót Lefkovits and Helén Lefkovits Brother of Berta Ferderber; Tekla Hirschfeld; Alice Lefkovics; Ede Lefkovics; Dr. Dezső Lefkovits and 2 others

Ede Lefkovics

Birthdate:	29. August 1893
Birthplace:	Prešov, Prešov District, Prešov Region, Slovakia
Death:	Auschwitz
Immediate Family:	Son of Lipót Lefkovits and Helén Lefkovits Brother of Jenő Lefkovics; Berta Ferderber; Tekla Hirschfeld; Alice Lefkovics; Dr. Dezső Lefkovits and 2 others

Berta Ferderber (Lefkovics)

Birthdate:	12. December 1890
Birthplace:	Prešov, Prešov District, Prešov Region, Slovakia
Death:	Auschwitz
Immediate Family:	Daughter of Lipót Lefkovits and Helén Lefkovits Wife of Jenő Ferderber Sister of Jenő Lefkovics; Tekla Hirschfeld; Alice Lefkovics; Ede Lefkovics; Dr. Dezső Lefkovits and 2 others

Tekla Hirschfeld (Lefkovics)

Birthdate:	8. September 1892
Birthplace:	Prešov, Prešov District, Prešov Region, Slovakia
Death:	Auschwitz
Immediate Family:	Daughter of Lipót Lefkovits and Helén Lefkovits Wife of Jakab Hirschfeld; Sister of Jenő Lefkovics; Berta Ferderber; Alice Lefkovics; Ede Lefkovics; Dr. Dezső Lefkovits and 2 others

Alice Lefkovics

Birthdate:	8. September 1892
Birthplace:	Prešov, Prešov District, Prešov Region, Slovakia
Death:	Auschwitz
Immediate Family:	Daughter of Lipót Lefkovits and Helén Lefkovits Sister of Jenő Lefkovics; Berta Ferderber; Tekla Hirschfeld; Ede Lefkovics; Dr. Dezső Lefkovits and 2 others

Aranka Rosenshain (Lefkovits)

Birthdate:	estimated between 1861 and 1921
Death:	Auschwitz
Immediate Family:	Daughter of Lipót Lefkovits and Helén Lefkovits Wife of Zsigmond Rosenshain; Sister of Jenő Lefkovics; Berta Ferderber; Tekla Hirschfeld; Alice Lefkovics; Ede Lefkovics and 2 others

Miksa Lefkovits

Birthdate:	estimated between 1861 and 1921
Death:	Auschwitz
Immediate Family:	Son of Lipót Lefkovits and Helén Lefkovits Brother of Jenő Lefkovics; Berta Ferderber; Tekla Hirschfeld; Alice Lefkovics; Ede Lefkovics and 2 others

Die zerstörte alte Welt:

Abb. 61: Akademikergesellschaft Prešov: Desider Lefkovits zweite Reihe dritter von rechts.

Abb. 62 – 65: Dr. Helena Mayer, Dr. Viktor Gärtner, Elisabeth Gärtnerova, Emil Reinkraut.

Abb. 66: Ausflug der Prešover Gesellschaft. Zweite von links Elisabeth Lefkovits (1929).

Abb. 67: Lefkovits' erster Holocaustvortrag im Stapferhaus, Lenzburg (1994).